JN197004

近年、三島池とその付近に新しくやってきた鳥たち

コウノトリ

オオバン

トモエガモ

ヨシガモ

近年、三島池にほとんど姿を見せなくなった鳥たち

オシドリ

オオヒシクイ

米原市のホタルとその実態

▲ ヒメボタル幼虫
（千葉豊）

▲ クロマドボタル幼虫

▲ ゲンジボタルの卵

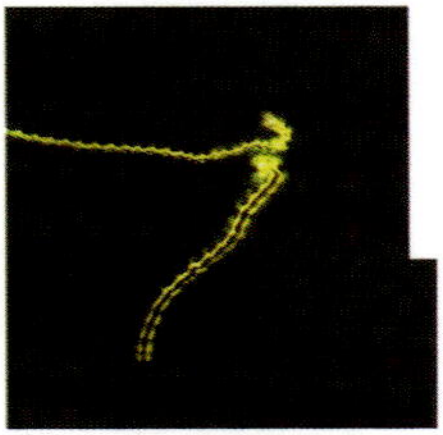

▲ ゲンジボタル幼虫（夜間）
（腹部末節左右に発光器があるので2本の光の帯になる）

▲ カワニナに食いつく
ゲンジボタルの幼虫

▲ ゲンジボタル

▲ ヘイケボタル

▲ ヒメボタル

▲ クロマドボタル

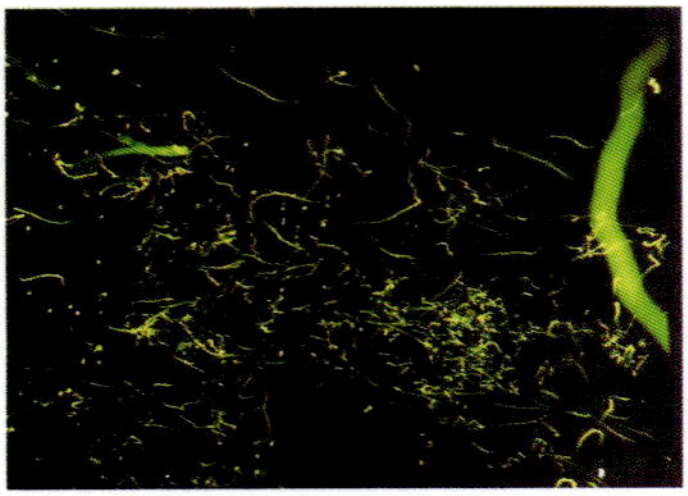

▶ ゲンジボタルの乱舞

▶ 岩の下に集まっているゲンジボタル（昼間）

滋賀県教育会「近江教育」第659号 P.25より

ホタル保護活動

▶ 国指定特別天然記念物立看板

◀ ホタル保護の看板

▲ 第16回全国ホタルサミット
記念碑（2004）

▶ 浚渫工事（一部ヨシの除去）

▲ 鴨と蛍の里づくりグループ
研究紀要「鴨と蛍のまち」
第1集（1989）～第18集（2006）

山東東小学校ほたるまつりパレード

滋賀県教育会「近江教育」第659号 P.26より

鴨と蛍の里づくりの活動と研修

▲ 県・水すまし事業の指導

▶自然教室での指導 きゃんせの森フォーレストセンター

◀自然観察会での指導 霊仙山

▶山室湿原観察会

▶全国ホタル研究会 沖縄久米島大会（2003）

米原市社会福祉協議会「健康と環境」講座の指導 伊吹山登山 ▶

◀ 近江商人屋敷めぐり

▲ 全国ホタル研究会　月夜野大会（群馬）（1999）
（堀江茂雄）（口分田政博）

滋賀県教育会「近江教育」第659号 P.27より

続々おじいちゃんからの贈り物

米原市自然研究の歩み

つないだ坂道
越えれば
向こうは日本晴れ

口分田《くもで》 政博《まさひろ》

鴨と蛍の里づくりグループ

刊行に寄せて

「ホタルの幼虫上陸を励ます会」に見る口分田政博さんの思想と実践

前滋賀県知事・琵琶湖博物館元総括学芸員・農学博士　嘉田《かだ》由紀子《ゆきこ》

桜の花が咲きそして散る季節になるといつも思い起こすのは、口分田政博さんたちが平成8年（1996）から米原・山東地区ですすめていた「ホタルの幼虫上陸を励ます会」の活動の意味とそこに込められた思想性の奥深さです。

米原市山東町の天野川周辺には大正年代に国によって指定された特別天然記念物「長岡のゲンジボタルおよびその発生地」があり、地域の皆さんがホタルの発生状況を調べ、保護・啓発活動を行なっていました。

平成元年（1989年）に滋賀県全域を対象に住民研究グループ「水と文化研究会」が中心となって「ホタルダス」調査を始めました。ねらいはふたつ。「最近ホタルがいなくなってしまった」と言われていたホタルの生息状況や生態そのものを地域住民自らが調べることで実態を把握することです。ふたつめはホタルとのかかわりを通して、私たち自身が身近な生活環境を考えるきっかけとすることです。ともすれば、環境の問題は水質や生態の専門家が調べ、その結果を住民は教えてもらうという受け身の意識が広がる中で、「自分たちが調査そのものを進めることでそこに参加する人たちの主体性が育つだろう」という期待がありました。

平成元年から10年続き、その間に住民参加を理念とする琵琶湖博物館が平成8年に開館し、10年間でのべ３４５６名の住民が３１９６地点の調査を行いました。その結果、いなくなってしまったと思っていた川や水路にも意外とホタルはしぶとく生き残っていたということも発見されました。結果は琵琶湖博物館での常設展示「ホタルと人と環境と」に集約されました。

この10年間のホタルダス活動で特に個性的に光っていたのが口分田政博さんたちが中心となってすすめた「ホタルの幼虫上陸を励ます会」の活動です。この活動はとても社会貢献的なねらいで発想されました。当時山東町が町をあげて行なっていた「ホタルまつり」の期日をホタル発生の最盛期に合わせるため発生予報を４月中頃までに決めるというねらいです。ホタルの幼虫の上陸調査が平成８年に始まりました。その名付けが「ホタル幼虫上陸を励ます会」でした。

ホタルダスの事務局を務めていた私自身この名付けをみて深く感動し、そして納得しました。ホタル幼虫は、ちょうど桜の花が散る頃の小雨の降る夜、川から堤防などをよじ登り自分が蛹《さなぎ》になる場所を探して動き回ります。幼虫自身がエメラルド色の青緑に輝き、それはそれは美しいものです。そしてもぞもぞと動くその青緑色の幼虫におもわず「頑張れ！」と声をかけたくなります。その幼虫上陸観察会を「上陸を励ます会」と名付けたところに、口分田政博さんたちの文学的、人間的センスが埋め込まれているのではないでしょうか。「ホタル幼虫上陸を励ます会」の調査結果は「応用生態工学学会」に論文として投稿され、成虫発生時期は幼虫の上陸時期や気温との関係があることをつきとめ数値化しました。まさに科学的な調査結果でした。「科学者であり文学者であり、かつ心優しい家庭人」としての口分田政博さんの真骨頂が「ホタル幼虫の上陸を励ます会」の活動ではないだろうか、と私は勝手に解釈しております。

口分田政博さんの90年以上にわたる教育者や家族人としての人生の奥深さは、本書であますことなく語られています。

今回の自伝の副題である「つないだ坂道越えれば向こうは日本晴れ」は「令和《れいわ》」の新しい時代を迎えた私たちの世代へのはなむけではないか、と深く噛《か》み締めさせていただいております。本書が、地元米原市や滋賀県だけにとどまらず、日本各地の自然と人のかかわりの歴史にこだわる人たちが坂道を越えるためのバイブルとなることを期待しております。

はしがき

まず、私がこれまで出版した2冊の本（ともにサンライズ出版）について書きます。

第1集『おじいちゃんからの贈り物　―美しい湖国の自然を22世紀へ―』（２０００年）を出した当時、私は自然とは調査研究してみないと現状がつかめないと思い、時間があれば山や川、湖へ出かけ、夢中になって取り組んでいました。若き良き時代です。この美しい湖国の自然を21世紀を越えて22世紀に「つないでほしい」と思うようになって出版したのです。その当時、22世紀へつなげる橋は孫たちでは届きにくいと思っていたのですが、私も卒寿（90歳）を越え、曽孫《ひまご》の声を聞き、力強い22世紀へのつなぎ手を得ることになり、この本の副題は現実のものとなりつつあります。ちなみに、その頃の私にとって「自然は調査研究の友だち」でした。

第2集、続おじいちゃんからの贈り物『湖国野鳥散歩　―湖国の美しい自然よ、野鳥よ、人々よ、ありがとう―』（２００４年）の頃は、還暦を過ぎ現職を退いてゆっくりと心ゆくまで自然とふれあっていると、自然は生きる力を与えてくれるし、感謝すべき神様のように心に響くようになりました。日本の３０００m級の山々を家内と共に踏破したり、短期大学の教職に就いて若い学生と山野の観察をしたりしていると、自分と自然とのつながりや、人々とのつながりが強く感じられるようになったのです。ちょうど湖北の地域情報誌「み～な　びわ湖から」に「湖国野鳥散歩」を連載させていただき、野鳥たちの心を市民のみなさんに伝えることが進みましたので、それらの話をまとめて出版しました。その頃の私の心境は「自然は感謝すべき神様」でした。

私はおじいちゃんから、ひいおじいちゃんになりました。自然に親しみつづけて1世紀近くになり、第3集となる本書では、私の歩いてきた人生を話しながら、みなさんにつないでいってほしいという私の心を伝えたいと思い、ペンを執ることにしました。

しかし、つないでくれる道は、私の歩いてきた道とは環境が大きく変わってきています。自由に入れた身近な山野も防獣ネットが張り巡らされ、人と獣たちの住むエリアが分断されましたし、外来動植物が侵入し、固有の動植物を駆逐しはじめています。

地球規模の環境問題も身近に迫ってきています。運搬機器の多様化、高速化には目がくらむばかりですし、放射能の被害も頻発し、長期化。巨大な天然災害も連発しています。

逆に再生可能エネルギーの進歩、安心安全な食物や交通機器の安全研究も進んで、明るい環境の道も見えてきていることは、本当にうれしいことです。

最後には「命をつなぐ」問題になるかと思いますが、日本の人口が２０５０年頃には1億人を切り、老齢者人口が40%近くになるといわれ、極端な少子高齢化社会の流れを語らなければなりません。このことも、みなさんが次世代の人たちにつなげてもらわねばならないのです。

さて、かつて想像してもいなかった豊かで平和な良き暮らしを高齢になって享受させてもらっています。「終わり良ければすべて良し」と、多くの人に各所で支えられ楽しませていただいています。第二次世界大戦の戦前・戦中・戦後の辛酸を体験してきた私たちにとって、このような良き時代を誰が望めたでしょうか。

「平和な良き時代、明るく楽しい人生をこれからもつないでいこうではありませんか」。これが私たち高齢者の真心からのラストワードであり、お願いでもあります。

以下、私たち高齢者の歩きつづけてきた長い道を話すことで、みなさんの人生の参考になればと思い、順次語っていきたいと思います。

続々おじいちゃんからの贈り物

米原市自然研究の歩み

つないだ坂道越えれば　向こうは日本晴れ

目次

第4章　三島池に映る逆さ伊吹を話しながらつなぐ

第5章　清流に棲む昆虫の話をしながらつなぐ

第6章　野鳥の話をしながらつなぐ

第7章　ホタルの話をしながらつなぐ

第8章　山室湿原天然記念物指定への道を話しながらつなぐ

第1章

つれづれに目の前の美しい故郷の自然を話しながらつなぐ

1　自然を眺めながら自然がつないでくれた命を想う

私（おじいちゃん）の家に南に面した小さい8畳ばかりの部屋があります。孫の義春が平成14年（２００２）元旦に生まれたので、暖かい気密の部屋を造ったのです。一応、応接間ですが、居間と呼んだほうがよいくらい普段に使用していますので「洋間」と呼んでいます。この洋間のソファーに腰掛けて、いつもゆっくり自然を眺めています。これも私の楽しい日課のひとときで、毎日眺めていても飽きることがありません。

畑、水田、そのつきあたり３００ｍほどの先には、高さ１００ｍばかりの丘が東西に連なり、その向こうの自然を遮断しています。しかし、白い雲の浮かんでいる青い空、雷雨や雪を降らせる黒い雲はつながっています。夜になると、赤い星、青い星がいっぱい輝いて、無限の宇宙に広がっています。その中には人間と同じような生きものが住んでいる星もあるのかなあと、空想の世界に誘われてしまいます。

ときおり、その空を白い鳥や黒い鳥、茶色の大きい鳥が、西へ東へゆっくり羽ばたいて飛んでいきます。近くの畑の柿の木や梅の木の枝には、スズメやモズ、ヒヨドリ、ツグミが集まってきて、休んだり餌を食べたり争ったり、雌雄《めすおす》が飛び上がってぶつかり合い、ディスプレイをして騒いでいる姿も見掛けることができます。

畑や田んぼの土の中では多くの小さい命が一瞬の休みもなく息づいています。地球に命が生まれて以来、厳しい環境の変化に耐え、危険をくぐり抜けながら命を守りつないできて今を生きているのです。何十億年という途方もない命の歴史をつないできた証です。畑を耕している時、鍬《くわ》でミミズを切断してしまったり、冬眠中のカエルをつぶしてしまったりすることがあります。その時、私は「すまんなあー、長く命をつないできてくれたのにここで終わりにしてしまって……」と鍬の手を休めて合掌することがしばしばです。

自然は無限に広く永久につながって続いている命の世界であることが分かります。こんな自然の片隅に私は父母より命を受け90年と長く生かさせてもらい、次につないでいくために毎日食べたり呼吸したり本を読んだり字を書いたりしているのです。山や畑や川をじっとながめていると、幼い頃の自然とのつながりが思い浮かびます。

童心に帰ってその頃の〝わらべうた〟のような生活を少し書いてみます。

2　わらべうたの聞こえるなつかしい農村生活を想う

学校から帰ると沢庵《たくあん》でご飯をいっぱい食べて、竹製の籠を背負い木間ざらえ（熊手）を担いで木の葉かきに山へ走りました。もう子どもの声が山のあちこちにこだましていました。マツの葉は油気《あぶらけ》が多く含まれているので火がつきやすく、火力も強いので焚き付けに大変重宝しましたから、「よく集めてきてくれた。助かるわ」と母がほめてくれるのがうれしくて、籠にいっぱいになるまで日暮れのお寺の鐘が鳴るまでがんばりました。松ぼっくり（ふぐり）や枯れ枝はさらによい燃料であったので、日曜日などは「せた」（背負子《しょいこ》）にくくりつけて背負って帰りました。「楽しかったなあー！」

しかし、石油コンロが普及しはじめ、子どもの姿や声は里山から消えてしまいました。数年して山は落葉の堆積で埋まり、山の幸マツタケは徐々に出なくなりました。手提げ籠1、2杯くらいすぐ採れたマツタケはどこへ行ってしまったのでしょうか。

畑を眺めていると、子どもの頃は家の畑ではスイカやトマト、ナス、サツマイモなどは育たず、八百屋さんで買っていたことを思い出します。種子の研究や接木の技術、ビニールトンネル、化学肥料に殺虫剤、消毒薬などの開発が進み、どこの畑でも野菜が大量に採れるようになりました。ありがたい科学の時代がやってきたのです。

畑の向こうに流れている川は、学校から帰ると手網とバケツを持って兄弟姉妹で魚捕りをした水遊び場でした。カワムツ、モロコ、コアユ、タナゴがたくさん捕れましたし、「びんづけ」の中に「焼きこぬか」、ご飯の残りを入れて流れにつけておくと魚がいっぱい入って銀鱗を輝かせていました。この小魚を母に炊いてもらい、夕食のご馳走にしたものです。タニシやシジミも食べました。しかし、今では農薬や家庭排水の垂れ流しで魚や貝はめっきり少なくなり、また毒性が魚や貝の体内に濃縮されてしまったので、川の幸はまったく食卓に上がることはなくなりました。

目を水田に移していきますと、田んぼの仕事が大変わりしました。思い出すだけで大きな溜息が連発します。戦前・戦中・戦後は、米は1反《たん》(10アール)当たり300kg(5俵)くらいしか穫《と》れなかったのです。

しかも、仕事は全部人力で鋤鍬《すきくわ》で土を起こしたり砕いたり、朝早くから夜遅くまで雨が降っても雷が鳴っても本当に身を粉にして働いたのです。私たちも登校する前に早朝から田んぼで働いたりしたのです。

肥料は草で、農家は競って草刈りに出ました。遠方まで草刈りに出て集めもしました。伊吹山の広い南面はよい草刈り場でしたし、鉄道の側面(堤防)を区分けして草を買いました。夕方になると草の束を大八車に積んだり「せた」で背負ったりして、童謡の桃太郎さんのようにエンヤラヤエンヤラヤと掛け声をかけて帰ってきたのです。

「猫の手も借りたい」と昔の人は言いました。小学校の帰り道、鞄《かばん》を畔《あぜ》に置いて、父母の働いている田んぼで手伝いました。中学生になると農繁休暇が1週間ばかりあって、農業を手伝う制度までありました。

しかし、だんだん機械化が進み、今では大型機械が爆音を響かせるようになり、かつては人海戦術だった農業でしたが、田んぼにほとんど人影はなくなり、専門の技術者に農業を任せる時代になりました。そのうえ化学肥料や農薬のおかげで、一反当たり米が500～600kgも穫れるようになりました。

これからさらに農業はどんな道を進むのでしょうか。机上でパソコンをたたくだけで田んぼで機械が水田を耕起したり収穫したりしてくれるようになるのでしょうか？

次につきあたりの山麓に目を向けてみましょう。

鉄柵が山麓を巡り、山と人里は隔離されてしまっています。サル、イノシシ、シカ、ハクビシン、アライグマにキツネ、タヌキが人里に出てきて人が栽培している野菜や果実、さては米まで食べにくるからです。

逆に人は、山の幸を求めて入山することができなくなってしまいました。マツの木がすっかり枯れ、スギやヒノキの植林が進み、ドングリなどの獣類の餌が少なくなり、そのうえ獣類の数が増加してきたからです。一方、スギやヒノキの花粉が春先に霧のように風で散布され、花粉症で多くの人が苦しむようになりました。

自然と人間の知恵比べはまだまだ続くでしょう。みなさんにつないで解決してほしい課題が山積しているのです。美しい自然、楽しい自然、豊かな自然を、第1集の副題のように「美しい湖国の自然を22世紀へ」つないでいってほしいのです。そんな私のお願いを書いて第1章とします。

第2章

長く生かされてきたことを話しながらつなぐ

１　現在の混乱した世の中をどうすればよいのでしょうか

地球では山川草木森羅万象が栄えたり衰えたりしながら進化や絶滅を繰り返し続けてきました。その間数十億年、ついに人間という小さい巨人が出現し、現在、命のピラミッドの頂点に立って地球上の命を支配しています。そして約１００万年、科学技術を発達させて自然を征服しながら命をつないできています。自分の命のルーツであるＤＮＡ（遺伝子）までも操作して、自分を自分の手で進化させる手段を持ち合わせるようになりました。さらに最近では自分の命の故郷《ふるさと》地球を飛び出して宇宙の一部にまで力を及ぼしはじめたのです。人間としての生きる道を踏みはずして異なった道を駆け出しはじめ、そのうえ地球上の各地で人間同士の命をかけた争いが茶飯事のように生起しています。どの国の意見が正しいのか、誰の行動が人間の道徳に合っているのか、まったく分からなくなってしまって、世界中総混乱の時代になってしまっているのです。

2　道徳の基礎は親孝行だと想う

私（おじいちゃん）の小学生の頃は、人間同士がお互いに正しく生きていくために、特に日本人としてどうあらねばならないかという規範を、明治天皇が「教育勅語」として示され、日本全国津々浦々にまで滲透《しんとう》し実践されてきました。教育勅語は、国の祝祭日をはじめ重要な学校行事などの冒頭には、校長先生が白手袋とモーニング姿でうやうやしく奉安殿を開いて、教育勅語の入った漆塗の黒い木箱を高く捧げられ机上に置かれました。5分間ほどかけて全文をみなに諭すように拝読されました。その間、私たちは頭を下げつづけて天皇の声として拝聴していたのです。しかし、第二次世界大戦に完敗し、この勅語の内容は日本の軍国主義、世界侵略の根源であるということでアメリカ占領軍によって一挙一斉に焼却に付されてしまいました。しかし一部の文言には今後も大切につなげていかなければならない人間としての徳目を蔵しています。ここではその一つのみを話してみましょう。

「父母に孝に兄弟《けいてい》に友《ゆう》に夫婦相和《あいわ》し朋友《ほうゆう》相信じ……」の一節です。この中の「父母に孝に」について私の深い想いを話し、みなさんにつなげていってほしいと強く思うのです。

一言でいうと「親孝行」ということで、それは人としての最も大切な道徳と思うからです。中国の古典論語学者の伊與田《いよだ》覺《さとる》先生は親孝行の内容を3項目に集約されています。

一つは祖先崇拝をきちんとすること（過去）

二つには子が親に愛情を尽くすこと（現在）

三つめには子孫一族が増え栄えること（未来）

私たちは祖先から受け継いだ命を大切にするとともに、そのルーツの祖先を敬い、次世代につないで発展させなければならないのです。

中国の古典『孝経』では具体的に次のように述べています。

「身体髪膚《しんたいはっぷ》これを父母に受く。敢えて毀傷《きしょう》せざるは孝の始めなり。身を立て道を行い名を後世に掲げ以て父母を顕《あらわ》すは孝の終わりなり」と。簡単に解釈しますと「親から受け継いだ身体に傷をつけたりしないことは親孝行の始めである。立派に成長し正しい道を生きてその名を後世に残るようにして父母を讃えるようにすることは親孝行の最後の行いである」と説いているのです。

いじめや人を傷つけたり自分自身を傷つけたり、さらに自分で自分の命を断つことは決してしてはならないということです。何億年も続いてきた命を何としてでも次世代につなげていくことが親孝行の根本なのです。私は長寿をいただいて親孝行三原則を命をつなぐ大切なことだとしみじみ実感しています。そして残りの人生でさらにこのことをみなさんにつなげ、深めようと思っているのです。

私も、戦争をはじめ大小の事故などに再三遭遇して命の危険を感じてきました。飛行機から投下された爆弾の近くでの爆発もその一つですし、広島の原爆も近くで閃光爆音爆風を体験しましたが、距離が少し離れていましたので「きのこ雲」を高く見上げながら命が残ったことに合掌したこともありました。また社会的にも仕事の上でも何度も深く苦しんで死にたいと思ったことは再三ありました。私の父母、祖父母さらに曾祖父母……と、さらにさかのぼっていくと、戦国時代では死の危険はもっと多かったことと思います。こんな中で祖先たちは私にしっかり命をつないでくれました。

このような祖先の命をつなぐ苦労を思う時、祖先を敬うとともに命を次世代につなげていくことの責任を感じています。

現在の世相を見ていると、子が親を刺したり、親が子に暴力を振るったりして親孝行に反する事件が毎日のように報道されています。世界もまた局地的な民族の争いや宗教的な対立で戦争やテロ事件があちこちで頻発していて、多くの人命が断たれています。

根本的には一人一人が自分の命をまず大切にするとともに他人の命を尊重することです。どんな苦しいことがあってもどんな腹の立つことがあっても忍耐強く生きていけば、必ず「命をつないだ坂道越えれば向こうは日本晴れ」になることを、私は体験上固く信じています。

だいぶん誇張して話してしまいましたが、こんなことは今までに誰も体験的に話してくれなかったのではないでしょうか。みなさんには、私の贈りものとして受け取ってほしいと思うのです。

次に、私のミニヒストリーを話して、ここに書いたことの歩みを感じ取っていただきたいと思います。

第3章

おじいちゃんのつないだミニヒストリー

1　幼少時代

「夕焼け小焼けで日が暮れて　山のお寺の鐘が鳴る　お手々つないでみな帰ろ　カラスも一緒に帰りましょう」

絣《かすり》の着物を着て藁《わら》の草履《ぞうり》をはいて、幼《おさな》友だちと真っ赤な夕日を顔に浴びて、手をつないで大きく振り振り大声で歌いながら山の麓まで続く一本道を走って帰って行く。父・母・姉・隣のおばちゃん、やさしくしてくれた先生たちの顔も真っ赤でほんとうに美しかった——。ある夜、私（おじいちゃん）は平和であった幼少時代の夢を見ていたのです。

小学5・6年生になると「エイッヤッ」の掛け声が終日運動場に響き、木刀を持っての軍事訓練が始まりました。戦争時代へ入ったのでした。6年生を卒業すると3割くらいの友だちは県立の中等学校（旧制）に進学し、彦根や長浜へ汽車で通学するようになりました。あとの7割ほどの友だちは小学校に併設されている高等小学校へ進学するのです。同級生はまずこの段階で二つに分かれて次のつなぐコースを歩み始めるのです。幼少時代の終わりでしょうか。

2　青年時代

私は、彦根中学校（現在の彦根東高等学校）へ進学しましたが、この頃から「東亜の空は雲暗し」でありました。中学3年の頃から日本は外国からゴムや石油の輸入が思うようにできなくなって、靴《くつ》は木製の厚歯下駄《あつばげた》に変わり、ガラガラと音を街に響かせて通学しました。配給の編み上げ革靴（豚革）は軍事教練の時間にだけ履きました。通学途上、下駄の鼻緒が切れると跣《はだし》になり下駄をぶら下げて駅前の道を走り汽車に跳び乗りました。中学生活はまったく軍隊式になり、上級生に会うと挙手敬礼、特に教官（先生）に会うと立ち止まって教官が軽く返礼してくれるまで不動の姿勢で敬礼を続けました。特に長剣を腰に付けた配属将校には息を止めて敬礼しました。しっかり敬礼しないとぶん殴られるからです。

いよいよ昭和18年（1943）12月8日、日本軍はハワイの米海軍基地を空からと海からと急襲して多くの米艦船を撃沈し、第二次世界大戦が始まりました。――そんな中学時代をベッドの中で思い出していました。

思い出が次々とつながれ尽きることはなく、目が醒めてしまいました。

戦争が空・海・陸でますます激しくなり、多くの若者が次々と戦死し、軍人が不足してきたので、５年制の中等学校は１年短縮され、４年生で卒業することになりました。16歳で軍隊の学校や専門学校（現在の大学）へ進学することになったのです。私は軍隊の学校では当時一番難関の広島県の江田島にあった海軍兵学校へ入学しました。終戦の年、昭和20年（１９４５）の４月のことでした。普通教科や軍事訓練は厳しかったのですが、ぶん殴られたりすることはありませんでした。しかし、上級生と一緒になって生活する分隊生活（私は六部十分隊、６１０分隊）は大変厳しく、毎日鉄拳制裁《てっけんせいさい》雨霰《あめあられ》、泣くにも泣けず毎日耐え忍びながらがんばりました。海軍将校は艦船で外国へ訪問する機会が多いので、日本海軍将校として恥ずかしくない礼儀作法・態度を身に付けなければならなかったからです。

だんだん戦運が悪くなり各地で日本軍が敗退するようになると、自爆訓練も加わり、分隊生活も戦時態勢になりました。防空壕掘りや避難訓練も加わり、もう無我夢中でした。目前の江田島湾で巡洋艦などの大きい艦がアメリカ艦載機の攻撃を受け、応戦空しく多くの死傷者が出て防空壕に運び込まれたりもしました。夜、寝室のベッド上でゆっくり睡眠をとることもできませんでした。そんな中で食事は一番上の将校食で腹いっぱい食べさせていただいてありがたいと思っていました。

末っ子で甘えん坊の私が少し凛として男らしくなり体力的にも精神的にも強くなったのは、海軍兵学校4ヶ月余りのせめてもの成果でありました。皮肉と言うべきか、ありがたかったと言うべきか複雑な心境です。

さて、昭和20年8月6日朝、米軍爆撃機B29が広島に原子爆弾を投下しました。ピカッと強い雷光が低空から浴びせられると同時に巨大なキノコ雲が目前に舞い上がり、気味悪い爆風が教室の床の埃をさらって行きました。この一発で日本は長い間の戦争に完敗し終戦となりました。このキノコ雲の下に何万人もの人が焼け死んだとは想像もつきませんでした。その後、日本の職業軍人の卵でありました海軍兵学校生徒は皆殺しにされるのではないかと風評が飛び交い戦々恐々になり、みな戦《せん》慄《りっ》生活に脅えていました。しかし8月20日、「全員帰郷準備」の達しが出て、一気に校内は明るくなりました。厳しかった上級生も鉄拳をすっかり忘れ、優しい兄のように話したり、カッターボートで遊びに出たりキャンプしたり、ほんとうに楽しい生活になりました。もっと江田島にいたいとさえ思いました。

原爆投下後20日近くして、荷物をまとめて、まったく焼き尽くされておそらく放射能の強い広島に向かいました。舟艇で宇品港に上陸し、トラックで広島駅前広場に移動し、帰郷する地域別に集団を作りました。盛夏の暑い日でしたが、生死を共にした友だちと涙の別れを告げました。石炭運送用の無蓋《むがい》貨車に分乗し、父母の待つ懐かしい故郷に向かいました。幸い、鉄道は空爆で破壊されなかったようで、月夜の山陽本線をひた走りに大阪・京都へと近づいて行きました。京都と大津の間の逢坂山トンネルは、蒸気機関車の吐き出す石炭煤煙《ばいえん》で息もできないほどの帰路一番の難所でした。ぱっと視野が開け、煤《すす》で黒くなった顔で美しい碧《あお》い琵琶湖を眺めた時、極楽とはこのことかと思いました。

寝具のシートで作った大きい風呂敷を背負い、持参した古いトランクを下げて、近江長岡駅に降り立ちました。ふと麗峰伊吹を仰ぎ見た時、「戦争が終わって生きて帰れてよかった」と16歳の少年が涙したのを今も忘れ得ません。「伊吹山を毎日仰ぎ見ておればきっと立派な人になれる」と小学校の先生は言われました。この一言を信じて、お国のために、天皇陛下のために、苦しいとも言わずに励んできた青少年時代でした。今夢破れ哀れな恰好で厳しい軍事訓練から解放され、伊吹山と対峙して一時代の終わりを告げました。近江長岡駅で同郷の人と出遭い、荷物を自転車に載せていただきました。気分は一新し、海軍兵学校は雲の彼方に消えてしまったように感じました。「これからふるさとで再出発しよう」と力強く一歩一歩、故郷志賀谷《しがや》に向かって歩き始めました。

家に帰ってみると食料不足、衣類貧困、老朽家屋、そして病弱の父母を抱え、まったくのどん底生活、そんな中、姉二人はよき人に出逢い無事に、今思うと貧しい結婚をしました。すぐ上の姉は、戦後の社会状態で十分な食事・医療・薬もなく、苦しんで亡くなりました。姉20歳の春分の日のことでありました。

そんな家庭・社会情勢の中、私は姉と同じく父母や義兄たちの説得で教師への道を進むべく師範学校へ転入することになりました。土木作業のアルバイトや食料難で米が都会では高値で売れたので持ち出したりして師範学校を卒業し、地元の大東中学校（新制）に奉職しました。昭和23年（１９４８）４月１日、長い教師生活の記念すべき初日となりました。

３　壮年時代

教員在職41年、その中心は理科教育、中でも科学研究部の指導でした。各方面から多くの賞をいただき、校歌３番に「冬されば池を訪い来る真鴨らの姿をきわめ科学の心つちかへば　ほまれある大東中学　めざして進む文化の日本」と歌われているように、理科教育、科学研究の中学校として県内は言うに及ばず国内でも屈指の学校になりました。詳しい内容は後の項目で述べたいと思っています。

昭和28年（１９５３）12月、恩師の仲介ですばらしいパートナー（おばあちゃん）と結婚し、病弱の両親と暮らしました。老朽化した紀州水野家の代官屋敷の広大な葺茸家屋の旧家の改築を終えたのは昭和42年（1967）の夏でした。その間3人の子どもにも恵まれ、家内と二人で子育てと教師の道、そして百姓の仕事をがんばりながら家をつなぎました。そして大東中学校勤務30年を含む41年の教員生活に終止符を打ちました。平成元年（1989）3月31日の夜中の12時、家内と校長室でカウントダウンし、拍手して大東中学校を後にしました。文部大臣賞を県下の中学校長を代表していただき、皇居での授賞式も配偶者同伴、和服姿での参加でした。

子どもたちも、今述べましたような倹約の家庭事情もあって不十分な仕送りの中、無事大学を卒業してくれました。もう学資を送金しなくてもよいと思ったのは、定年退職の1年前のことでした。家内もパートをやめ、共に老後の生活をエンジョイすることにしました。

4　熟年時代

退職1年前、校長在職中に志賀谷の区長代理を務め、退職するや否や区長に選ばれて区の仕事に就きました。以後、志賀神社の氏子総代、真宗大谷派福願寺の檀家総代各2年、圃場整備委員会総務部長３年の仕事などをいただいて地域への恩返しをしました。

また、念願の滋賀文教短期大学の講師として、現職退職後2年目から再び教壇に立ちました。初等教育科で環境分野の講義と実習を受け持ちました。若い女子学生が90％、しかも講義や実習の内容方法は自由で、思う存分教育活動ができました。野鳥観察・水生生物調査などを取り入れたカリキュラムを作り、14年間本当の教育ができました。この14年は晩年のパラダイスでありました。さて文教短期大学も終わり、喜寿(77歳)目前になり「次はどうする？」三島池ビジターセンターの指導員も終了しましたし、新しい分野での活路を考えました。

「よーし、高齢者と一緒に熟年を楽しもう」と山東町の社会福祉協議会に持ち込んで、「環境と健康講座」を創設したいと頼みました。即座にＯＫが出て、翌年平成12年(２０００)４月からスタートすることになりました。

65歳以上の参加者を募集しましたところ、初年度23名の応募者があり、25名定員の町社会福祉バスで、滋賀県内のあちこちに研修に出掛けることができました。その後、年々参加希望者が増え、１００名を超すことになりました。裏を返すと、高齢者がいかに家で余暇を持て余しておられたかが分かりました。そこで、25名を１班として、抽選で１００名を決めて４班編成で続講しました。実施は各班月１回、自然環境調査、環境施設の見学、琵琶湖水質調査船実習をしたり、特に心の環境研修を大切にするため神社仏閣に参詣し、講話を聞いたり、名所旧跡巡りなどを取り入れるなど、年間計画を立てて実施しました。高齢者に大変喜ばれ、毎年応募者が増え、１００名の抽選に困りました。自然環境愛護や心の環境保持の重要性を次世代の子や孫につなぐ内容や方法、伝統文化の伝承など、多くのことを体験を通して研修していただきました（詳細は後の第9章に書きましたので参照してください）。

ほっとして指折り数えてみたら10年が経過し、私は米寿（88歳）を目前にしていました。健康なうちに誰かにバトンを渡す日が来ていたのです。平成21年（２００９）、快意中の講座参加者、山本孝雄さんにつないでもらおうとお願いしましたところ、スムーズくつないでくださることになりました。その後、家内と共に参加を続け、につなげるよう陰から応援しました。高速道路を走って私の時より時間を短縮し、遠方まで研修に出かけたり、研修時間を長くしたりするなどしていただきました。また、昼食はレストランへ行って、地域の名物を味わったりして親睦を深めて盛り上がったつながりにしていただきました。つなぎ手の交代の重要なことを感じました。「ありがとうございました」

5　人生の自由時代

「さて、次どうする？　米寿目前だぞ！」

88年間、次々と挑戦しながら無事米寿を迎えることになりました。いつものように朝目醒めて床の中で考えました。首をもたげて大きく深呼吸をしたら、結婚60余年、ダイアモンド婚も過ぎたパートナーが朝餉《あさげ》の支度をしていてくれる影法師がガラス障子に動いていました。好物の酒粕汁の香りが隙間を通して流れ込んで来ました。

「そうや！　これや！　二人で楽しく短い余生を生きていこう。家の周りの8a《アール》ばかりの畑作に精を出して野菜や豆類、果実を作って子や孫に送ってやろう」と心に決めました。

平成28年（2016）末、ミニ耕耘機《こううんき》を購入したり、畑作の準備をしたりしました。おじいちゃん、おばあちゃんは「ひいおじいちゃん、ひいおばあちゃん」になっていました。今様「浦島太郎、浦島花子」になっていたのです。その時の寄せ書きと、四つ切りの写真をA3の額に入れて洋間に掲げました。毎朝この写真に「おはよう、みんな元気か？　ひいおじいちゃん、ひいおばあちゃんも元気だぞ！　ゆっくり自由に生きているぞ！」と話してから、二人の朝餉のお箸で手を合わせながらゆっくりと好物を味わっています。大寒中なのに日本晴れの日でありました。「ありがたい今日も大安吉日!!」これからがほんまの人生だと思いました。「つないだ坂道越えれば向こうは日本晴れ」心に滲《し》みて今朝も万歳をしました。

第4章

三島池に映る逆さ伊吹を話しながらつなぐ

１　観光ボランティアガイドさんの説明を聞いてみましょう

私（おじいちゃん）の小学校（東黒田西尋常高等小学校）の時代、昭和10年（１９３５）、１、２年生の春の遠足は三島池に決まっていました。学校から約２km、桜満開の池畔で日の丸弁当を食べるのがどんなにうれしかったか。今のみなさんには想像もできないことだと思います。「先生！　三島池も日本ですか？」と真面目に尋ねていた友だちの声と顔が今も蘇ってきます。

時は流れて80年、現在の三島池について、あかね色の帽子を被りあかね色のベストを身につけた米原市観光ボランティアガイドさんがＪＲハイキング参加の遠来のお客様に三島神社前で説明しているのを聞いてみましょう。

「えー…、もう50年以上前になりましょうか？　三島池には三つの小さい島がありました。そこの水中の古株（鳥居前）を見てください。１本の太いシダレヤナギがここから見上げると伊吹山頂より高く風に揺れていました。人呼んで一本島と名づけて親しんでいました。そして、あそこに水面すれすれの古株が二つ残っているでしょう。二人でようやく抱ききれるほどの2本のシダレヤナギが一本島のシダレヤナギと高さを競っているように聳《そび》えていました。二本島です。そしてあの北東の隅にある島に唯一現在も三本のシダレヤナギが緑を保っています。三本島です。三つの島があったので、人呼んで三島池と呼んでいたそうなんです」

ガイドさんの話は続きます。

「ここに鎮座まします三島神社は静岡県三島市に鎮座まします三嶋大明神を勧請《かんじょう》されて創建されたと伝えられています。ここに比夜叉御前《ひやしゃごぜん》の歌碑と、あそこに比夜叉御前の墓があります。年中仏花が絶えません。鎌倉時代（1192〜1333）、約800年前のことだといわれています。だから三島池、三島神社と呼ばれているという説もあります」

「なるほど！　なるほど！」

観光客はうなずいています。

「鎌倉時代、近江源氏の祖・佐々木秀義は、平氏に追われて奥州（東北地方）に逃げる時、源氏の御曹司《おんぞうし》源頼朝が流刑で蟄居させられている伊豆で足を止めて源氏の再

昔の二本島（1990.11.11）

昔の一本島（1990.11.11）

二本島の古株（2014.4.2）

一本島の古株（2014.4.2）

起を待つことにしました。源頼朝が伊豆で旗上げして初めて平氏を討った時、待ち構えていた佐々木秀義は、間髪を入れず初戦に参加して勝利に貢献したのです。その功績により元の領地近江国を与えられ近江に再入国したのでした。そして近江の入口である大原庄（米原市北部）に入り、農民が水不足で困っているのを見て駿河の海に形どった大池を穿《うが》ち三島池と命名し、鎌倉時代の国社でありました三嶋大明神を勧請し三島神社を創建した、と郡史や町史に書かれ

比夜叉御前の墓

三島神社前の比夜叉松と供養塔

ています」

ガイドさんの話は続きます。

「しかし、農民の悲願であったにもかかわらず何日たっても池に水が満ちてこなかったので、三島神社に願《がん》を掛けたところ、『女性を生贄《いけにえ》に捧げよ』とのお告げがありました。若き女性たちはみな逃げ隠れして生贄に指名されることを避けようとしました。その中でただ一人、佐々木秀義の乳《う》母《ば》比夜叉御前が進み出て『殿様のためなら生贄になりましょう』と、子や家族が反対するなか、機織《はたおり》の道具を抱いて悄然《しょうぜん》と池中に消えていったといわれています。今でも雨の夜丑《うし》三つ時に池底から比夜叉御前の涙声と機織の音がヒヒーコットン〜ヒヒーコットン〜と聞こえてくると語られています。こんな悲話を持つ三島池では、飛来する水鳥や生息する魚などは比夜叉御前の化身、使者として永く大切にされてきたのです。ちなみに元社鎌倉の三嶋大明神の使者は富士山の霊水で育ったウナギとのことです」

ガイドさんの話は続きます。

「昭和32年（１９５７）5月、三島池の水生動植物の調査をしていた大東中学校の科学部が、この池で冬鳥のマガモが自然繁殖していることを発見しました。すなわち『マガモ自然繁殖南限地の発見』となり、鳥類研究者をびっくりさせたのです」

三島池のマガモ親子

そのことがＮＨＫラジオで（当時テレビはまだ一般的ではありませんでした）全国放送されることになり、町内の小中学校では始業時間を1時間遅らせて、放送を聞いてから登校するように臨時措置がとられるほどでした。いかに発見が大きかったか分かると思います。

2　三島池は全国小学校の憧れの池になりました

童話作家の岩崎京子さんが、このマガモ自然繁殖南限地の発見を「かもの卵」という童話に書かれ、児童劇にもなり、各所で公演もされました。また、特に教育出版発行小学4年生の国語教科書に「記録文を読む　三島池のマガモ」として昭和46年（1971）から長く掲載していただき、三島池は全国の子どもたちの憧れの池になりました。見学者や手紙がたくさん科学部に寄せられました。

註　日本で最も詳しい鳥類図鑑である清棲幸保著『増補改訂版　日本鳥類大図鑑』（講談社）の839ページ、マガモの生息環境の項に「滋賀県伊吹山麓山東町三島池（8・Ⅵ・1958・一巣7卵・口分田《くもで》政博氏確認）ではマガモが繁殖する」と明記されている。

テレビが普及してきた昭和42年（1967）12月6日、NHKは東京第一スタジオに大東中学校の科学部全員を招待してくださいました。連続番組「あすは君たちのもの」

に出演し、科学部の活動が紹介されたのです。一躍、全国で「マガモ自然繁殖南限地・三島池」は有名になりました。このシリーズにはテーマに沿ったサトウハチローさんの詩がいつも添えられ、明るい楽しい番組になっていました。次に引用します。

（ＮＨＫテレビ「あすは君たちのもの」１９６７年12月６日）

カモクラブの一員となって唱う

サトウハチロー

鳥が来た　　顔がほてる
池に来た　　うれしくなってくる
渡り鳥が来た　　声がはずむ
冬といっしょに鳥が来た　　鳥の話しでもちきりになる

ヒシクイが来た　　鳥を見る
マガモが来た　　望遠鏡でみる
コガモが来た　　毎朝みる
なじみの姿で飛んで来た　　キチンとみる

目玉にしみこむ
鳥の形がしみこむ
動きがしみこむ
羽の色がしみこむ

メモをする
忘れずにする
ノートにうつす
ペンがよくすべる

エサをやる
ひぐれにやる
池の汀《みぎわ》の箱の中に入れる
おたべよ　おたべよ　とつぶやいて入れる

寒い日は祈る
氷よはるなと祈る
はってもすぐとけろと祈る
太陽よ　顔を出してくれと祈る

池の水にたのむ
鳥にやさしくしてくれとたのむ
ゆれているヨシに呼びかける
子守唄を唄ってやってくれと呼びかける

鳥がいる
池にいる
渡り鳥がいる
冬空の下でゆったりと浮いている

ほっとして山を見る
伊吹山をみる
山の雪がうなずく
きらりと光って　光ってうなずく

3　三島池に昭和天皇皇后両陛下をお迎えして

昭和40年代に入ると日本の産業や国民生活が急激に変化・進化しました。池周辺の農業も、牛馬からエンジン付き動力へ、有機肥料から化学肥料へ、誘蛾灯から殺虫剤へと転換しました。大量消費、大量廃棄の時代に一気に進んだのです。

しかし、汚水処理や廃棄物を受け入れる施設設備はまったくなく、川へ流しっぱなしで川は汚濁水であふれ、山野には捨てられたゴミの山が目立つようになりました。

三島池はちょうどそれらの沈殿池、堆積池になり、極度の富栄養化が進んで悪臭を発するようになり、道行く人も悪臭に顔をしかめていました。ハスやヒシの大群落が池の全面を被い、ヨシ・マコモ・フトイなどが密生して伸び、視野を遮りました。私は比夜叉御前に申し訳なく思い、手を合わせて謝っていました。

昭和46年（1971）、ついに三島池周辺の湿地にブルドーザーが入り、浚渫を開始して廃土を池の北西側に積み上げ、現在落葉樹の茂る大きい人工島を造成しまし

三島池ビジターセンター

た。この島は犬・猫・狐などが入れず、マガモが安心して営巣し自然繁殖できる産卵島になりました。

昭和50年（1975）、全国植樹祭が栗東市金勝で開催されるにあたり、その前日の5月24日、大原苗圃（旧山東町夫馬）が天皇皇后両陛下によるマツとカエデの種子のお手播き会場になりました。その時、鳥類学者でもある昭和天皇が「三島池へ寄りたい」とご希望になったため、池周辺は急遽《きゅうきょ》広く公園化され、白亜のビジターセンターが建設されました。

しかし、行幸啓直前になって50～60㎝の大きいコイやフナの死体が池から浮き上がりはじめ、私は毎朝早く人に見つからないよう死体を一輪車に集め山麓に埋めました。滋賀県水産試験場に持参して調べていただいたら「酸欠と腐敗菌による鰓腐れ病が発生している」とのことでした。

全国植樹祭前日の昭和50年5月24日、天皇皇后両陛下の行幸啓を日の丸の旗を振って全町挙げて歓迎し、私は約10分間、三島池のヒシクイ、マガモの自然繁殖南限地の発見について館内の展示と併せてご説明、ご下問にお答えし、一生一代の光栄に浴しました（第2集、続おじいちゃんからの贈り物『湖国野鳥散歩　―湖国の美しい自然よ、野鳥よ、人々よ、ありがとう―』80ページ参照）。

４　三島池の大規模浚渫とその後の変化

しかし、この感激も空しく、三島池の水質汚濁と水草激繁茂は沈静化することなく猛威を振るいつづけ、深刻な状態に立ち至りました。池底に大量の汚泥が堆積していることが証明されたのでした。そこで県の判断により昭和55年（１９８０）、大規模な徹底浚渫《しゅんせつ》が施行されることになりました。

工事はまず三島池の水を抜き、池の魚などは大東中学校のプールに移動させることから始まりました。池には東西南北に工事用道路が敷設され、ショベルカーで底泥をすくい上げ、ダンプカーで近くの水田に搬出して乾燥させたのです。水生植物は根こそぎ掘り起こされ皆無となりました。「古きよき三島池の原風景は消えてしまったのだ」と喜び半分、淋しさ半分でありました。

池に水が復原され、逆さ伊吹も久し振りに映し出されるようになり、観光客、中でもカメラマンが急増しました。主役の水鳥たちはどう反応したでしょうか。まず湿地性のオオヒシクイは湿地がなくなって棲めなくなり、その冬から4㎞ほど北西の西池に移動飛来し、「オオヒシクイ飛来南限地・三島池」は図鑑やガイドブックから消えてしまいました。

その代わり開水面が池全面に広がり、オナガガモやヒドリガモの大群（千数百羽）が押し寄せ、観光客の投げるパンくずやえびせんなどに群がり、子どもや老人をはじめ一般の観光客を驚喜させました。また新顔の美麗なオシドリもその銀杏羽《いちょうば》をなびかせて徐々に増え、平成13年（2001）頃には300羽近く飛来し、カメラマンを喜ばせました。

しかし、徹底浚渫から十余年経過しても池の水は透明にならず、緑黄色のまま逆さ伊吹を映し、ヨシ１本、ヒシ１株も再生してこなかったのです。次第に水面に緑の層が漂いはじめたのでした。発生したアオコを顕微鏡で調べてみると、ミクロキステス、アナベナ、オシラトリアなどの緑藻類が増殖していることが分かりました。「三島池は自浄作用ができなくなってしまったのだ」と思いました。大群の水鳥たちの糞や給餌した残りが腐敗して水に溶け出した結果であることが推測されたのです。「もう一度、古き良き三島池に戻して次世代に引き継がなければならない」と心ある人は気づきはじめました。さて、どうつないでいけばよいのでしょうか？私たちの「鴨と蛍の里づくりグループ」（平成元年〈１９８９〉創設）で水質調査と生物調査を行い、京都大学や琵琶湖研究所の力も借りて、その具体策の報告書を山東町に提出しました。

5　三島池を原風景に戻し、永くつないでいこう

紆余曲折の末、やっとたどり着いたのが、県営「三島池地域環境整備事業」でした。県の琵琶湖自然環境復元事業のリハーサル的事業として取り上げていただいたのです。そこで私は山東町内にある23の溜池のアオコの発生状況をつぶさに調査し、溜池の周囲の環境と流出入する水路とその水質を1年間調査しました。この調査結果を滋賀県主催の「第1回ため池里山のにぎわいフォーラムしが」（平成18年〈2006〉1月23日）での基調講演として発表しました。京都大学の河地利彦教授に支援をいただき、溜池は長い歴史を持つ文化的存在であるものが多く、その保全と改修には力を入れる必要のあることや、改修方法について提案しました。

骨子として、三島池だけでなく周辺近くにある大堤《おおづつみ》池、杉本池、追分《おいわけ》池などにも取り組んで、ビオトープネットワークとして整備を広めることの必要性を提案しました。具体的には次の5項目です。

①昭和45年（１９７０）以前の三島池の自然環境に復元すること
②マガモ自然繁殖南限地、オオヒシクイ渡来南限地へ回帰すること
③水質改善には在来の水生植物を利用すること
④姉川の清浄な水が入ってくるよう水路を確保すること
⑤水鳥が三島池に集中しないよう給餌を中止し、周辺各池へ水鳥の分散を図ること

この事業は2年間の計画準備期間を経て、第1期工事は平成15年（２００３）からスタートし、平成17年10月から第2期工事が行われました。ヨシ・マコモが一部に植栽されたり、ショウブを植栽した浮島が設置されたり、姉川からの水路が改修されたり、三島池周辺に曲りくねった浄化水路が新設されたりして様子が一新されました。

時を同じくして、町内の下水道工事も完工し、農地の圃場《ほじょう》整備も安定期に入り、区内を流れる川の透明度も飛躍的に改善され、魚やカワニナ、シジミ、ホタルなど

も回復してきました。水辺の子どもの声も賑やかになりました。三島池のアオコの発生も見られなくなりました。

水鳥のうちカルガモの大部分とヒドリガモの一部は大堤池や杉本池、追分池へ分散し、オナガガモ、ヒドリガモ、マガモの三大水鳥はほぼ3群に分かれ、２００羽ずつくらいに分散して三島池に群を形成するようになりました。オシドリの群は他の湖沼に去り、ほとんど姿を見せなくなりました。新顔のミコアイサ、ヨシガモ、オオバンなども飛来し、愛嬌を振りまいています。

天皇皇后両陛下の行幸啓された県立三島池ビジターセンターは平成26年（２０１４）2月、40年の歴史に幕を閉じ撤去され、その跡にサクラが植樹され三島池復元工事は終了しました。

三島池は湖国野鳥保護の発着地、琵琶湖水質改善の試験池としてその役目を立派に果たしたのです。この一連の事業に関わらせていただいたことは、私の一生において最大の思い出であり、光栄でありました。これで次世代に三島池をつなぐことができると私は思いました。浄土へ行ったら比夜叉御前に報告したいと思っています。次のつなぎはみなさんにお願いします。第一集の副題にあるように美しい湖国（三島池）を22世紀までつないでいってください。

第5章

清流に棲む昆虫の話をしながらつなぐ

1　生きものが好きになったのは小中学校の先生のおかげ

「明日の日曜日は教室ですき焼きをするので、みんな集まってきなさい」と6年生担任の込山貞司先生がにこにこしながら言われました。はじめ何のことか分からなかったのですが、日曜日に教室へ来てみると、三つのコンロの炭火がパチッパチッとはぜて、その上に鉄のすき焼き鍋が乗せてありました。先生が牛肉をたくさん買ってきてくださったようですし、野菜、砂糖、醬油なども用意されていました。みんな「うまい、うまい」と大騒ぎになり、教室は一転すき焼き屋になりました。翌日登校すると、教室にはまだすき焼きのおいしい匂いが残っていました。

込山先生は、軍事訓練より自然観察が大好きで、特に自然物を自由詩に表わしたり、私（おじいちゃん）たちの作った詩を「小学生新聞」や「赤い鳥」という全国誌に投稿してくださったりしました。ときどきその詩が特選になったりすると「明日の日曜日はすき焼きや！」と声がかかりました。今考えてみると桁外れの平和主義の先生であったのでした。また放課後、近くの田んぼや野原で草花を採集してきて、

小学校４・５・６年生で担任していただいた込山貞司先生（卒業アルバムより）

古いびんに差して名札を付けて廊下に陳列したりもしました。

彦根中学校（現在の彦根東高校）に入学すると私は迷わず「生物クラブ」に入りました。時はもう戦時色いっぱいで、憧れの白色の彦根中学校の夏制服は私たちの学年から国防色に変わり、学生帽も白から国防色の戦闘帽になってしまいがっかりでした。

クラブも剣道、柔道、銃剣道、射撃などの軍隊まがいのクラブに入る生徒がほとんどで、野球などの球技は自然消滅しました。

生物クラブは上級生も合わせて４名でした。生物専門の後藤清一先生（院長先生と呼んでいました）は、日曜日になると胴乱《どうらん》（採集用の容器）を肩にぶら下げて彦根城や小高い山々、近くの湖辺に連れて行ってくださり、動植物の採集をしながら楽しく詳しい学問的な話をしてくださいました。私はここでも良い先生に恵まれ、生物学の基礎を身につけることができました。

戦後、滋賀師範学校（現在の滋賀大学教育学部）に転入した時も迷わず生物学を専攻することに決めました。動物の体組織の研究をする一方、「イモリの腹面の赤と黒の地域による模様変化の分布」を調査しました。現在イモリは激減してしまったのですが、昭和20年（１９４５）当時は、どこの溜池、湿田の水路などの泥湿地でも多く棲息しており、腹面の赤黒の模様の変化が著しかったのです。その斑紋の様子を分類し、地域や環境による特色をつかもうとしたのでした。林一正教授から大変ほめられ、卒論としました。師範学校を卒業すると数名の友だちは京都大学や広島文理大学へ進学する者がいましたが、私は家の事情もあって進学はせず中学校教員になりました。

滋賀大学教育学部でお世話になった林一正先生（遺稿集『私の思い出と回想』より）

2　大学研修で生物学の研究ができたのは熱心で親切な教授のおかげ

中学校教師になってから、機会があればどこかの大学で水生生物の研究をしたいと思って探していましたところ、「科学教育研究生」という制度を見つけました。月給をいただきながら大学へ３ヶ月派遣されるという好条件です。すぐ申請書を校長先生にお願いして県教育委員会に提出していただいたところ、運よく許可されました。恩師の教育学部の林先生に相談したところ「君の研究は奈良女子大学動物学教室の津田松苗教授の指導を受けるのが一番よい」と薦めてくださり、津田先生にコンタクトも取ってくださってＯＫの返事をいただきました。私にとって待ちに待っていたすばらしい大学へのつなぎが出来たのでした。その制度は現職教員を再教育するもので、日本が米国に完敗したのは科学教育の遅れという遠因が存在していたという国の反省に基づいたものでした。

しかし、奈良女子大学へ行くには下宿しなくてはならないし、食料配給制度の厳しい戦後の社会情勢でしたので、毎週家に帰って米や野菜などを大きいリュックに

奈良女子大学でお世話になった津田松苗先生（川合禎次・谷田一三編『日本産水生昆虫　—科・属・種への検索—』東海大学出版会 P.21 より）

いっぱい詰め込んで下宿の郡山へ戻らなければなりませんでした。

途中で警察の検問に会うと、米や麦などの荷物はすべて没収されてしまいます。当時、配給制度外の闇米《やみまい》を運んで都会で売って大金儲けができたので、多くの「担《かつ》ぎ屋」が横行していたからです。多くの闇米を袋に入れて担いで汽車の中へ出し入れするので「担ぎ屋」と呼ばれおり、汽車の中は闇米袋で通行に支障を来《きた》すほどでした。しかし、私のリュックはいつも無事郡山まで運ぶことができました。

さて、津田先生からいただいた研究テーマは「トビケラ目トビケラ科イワトビケラ属幼虫の分類」でした。トビケラ目幼虫はすべて水生昆虫で、春先に羽化して陸上に出ます。津田先生は京都大学でトビケラ目成虫の分類で学位を取得され、その幼虫の分類を奈良女子大学で研究されていたのでした。イワトビケラ科幼虫の分類が手づかずであったので、私の研究テーマにいただきました。津田先生はドイツに留学し、トビケラ科幼虫の分類研究によって、水生昆虫などの種類の分布状況から水域の水質を判定しようとされていたのです。その後「生物学的水質判定法」を確立され、日本での新しい研究分野を開拓されました。

私の研究は、津田先生が日本中で採集されたトビケラ科幼虫の中からイワトビケラ科幼虫を探し出して、それらの形態上の違いを見つけてイワトビケラ属を数種に分類することでした。

また、津田先生に川や琵琶湖に連れて行っていただき、特に渓流の水生昆虫の棲み分けについて学びました。そのため既存の文献を調べることから始めましたが、当時としてはファクシミリやコピー機とてなく、すべて手書きで文献を大学ノートに書き写していました。大学ノートが10冊ばかりになり、ようやく分類に着手することができたのです。その結果、仕上げた論文「イワトビケラ科幼虫数種について」は、大日本図書発行の「科学教育ニュース」No.23（1952）に掲載されるとともに、卒業論文にしていただきました。現在でもいろんな研究者の水生昆虫関係の

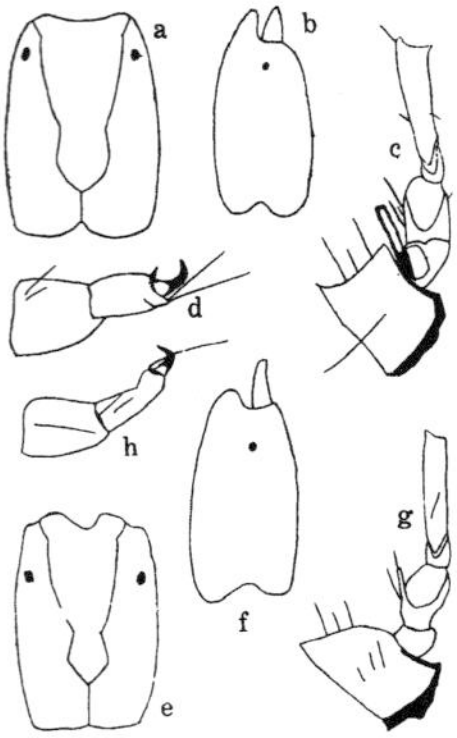

第 2 図　a〜d. Dolophilodes sp. DA
e〜h. Chimarrha sp. CA
a, e. 頭部背面，　b, f. 同側面，
c, g. 前肢基部，　d,h. 尾肢.

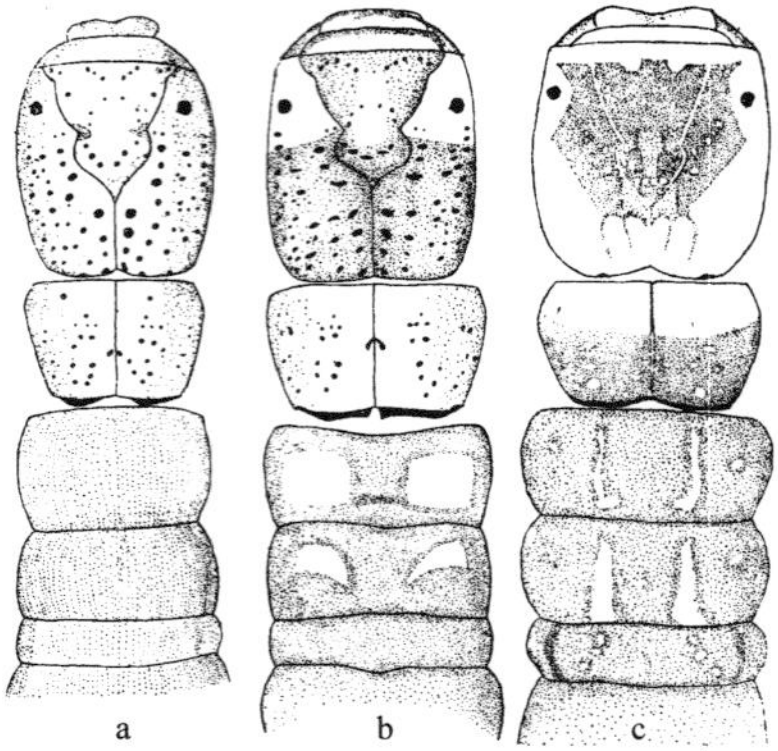

第 1 図　a. Polycentropus sp. PA.
b. Polycentropus sp. PB.
c. Polycentropus sp. PC.

「イワトビケラ科幼虫数種について」（「科学教育ニュース」No.23 大日本図書より）

研究論文の引用文献の中に入れていただいています。

その翌々年、再び県教育委員会より大学研修の推薦があり、滋賀大学教育学部動物学教室に1年間、内地留学し、恩師林一正教授にお世話になることになりました。研究テーマは「水鳥の食性と淡水貝類の分類」でした。カモ類の胃を長浜の鴨すきの老舗「鳥新」からいただいて胃の内容物を調べたり、三島池に水鳥の餌箱を設置して、野菜、米、麦、豆、果物、魚などを分けて入れ、何を好んで食べるかを調査したりしました。大学は大津にあるので家から通学ができましたし、

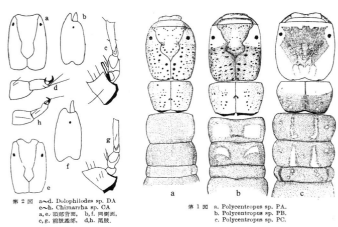

大東中学校の理科の授業も週の半分くらい担当できました。以前からの大学で研究したいという念願は2回の大学研修で一応達成でき、自信を持って大東中学校の教壇に復帰することができました。

3　中学校科学部の研究成果は部員のつながりのおかげ

その後、科学部の生徒たちと伊吹山南斜面を流れる渓流、河川、主として姉川と天野川の水生生物の分布を調査しました。そして毎年「読売科学賞」に応募し、県の最優秀賞や優秀賞に選ばれ、東京での中央審査においても3回入賞を果たしました。その功績が認められ、昭和41年（1966）の「読売科学賞10周年」に当たっては、滋賀県内の中学校でただ一人「科学研究指導者賞」をいただきました。

こうして科学部の生徒たちと私の絆、先輩と後輩の絆も強くつながりました。そこで毎年私の家で総会を開き、私の小学生時代の込山貞司先生にならって、家内の協力を得て、すき焼き会を開きました。関西テレビのカメラが入って、その様子を全国放送をしてくれた年もありました。

この絆が平成元年（１９８９）発足の「鴨と蛍の里づくりグループ」の結成となり、長くつながって現在に至っています。このつながりは後の項で詳しくお話ししましょう。

4　高齢になっても研究ができたのは家族の協力のおかげ

その後、私もだんだん高齢になって思うように動けなくなり、80歳近くになってからは米原市の中央を流れる天野川（一級河川）の本流・支流の水生生物調査に没頭しました。例年4〜5月頃、水生幼虫の一番多い、また成長して大きい時期に採集に出かけ、ホルマリンで固定します。厳寒期の1〜3月に双眼顕微鏡で幼虫の種を同定し、各種の分布状況から「生物学的水質判定指数（biotic index）」を算出し、天野川の水質汚濁の変遷をたどることにしました。晩年になって採集に出掛けるのが危険になり、家内が毎回同伴してくれ生物採集を助けてくれました。また川岸から水流まで梯子で降りる必要がある場所では、長男の支援を得ました。これらの研究レポートは、滋賀自然環境研究会誌に小林圭介会長のご好意により毎回掲載していただきました。

86歳でこの挑戦も無理となり終了することにしました。その時、滋賀大学教育学部同窓会誌66号（2015）の「特集　つなぐ」に、山川芳志郎会長から原稿を要請されましたのでまとめることにしました。ちょうど本書のテーマ「つなぐ」とまったく一致し、私も高齢になり行き着いた人生も次の課題は「つなぐ」しかなく、良い機会と思い快くOKして原稿を書かせていただきました。そのほぼ全文を一部修正して再掲させていただくことにします。

天野川６支流の水生生物分布について

今回、滋賀大学教育学部同窓会事務局より「研究の集大成を３０００字程度にまとめて報告するよう」連絡を受けた。そこで次のように報告内容をしぼることにした。

①水生生物の研究
②学術的なレポートでない形式
③天野川支流の水生生物の分布状況のみにしぼる。

一、研究目的

⑴天野川水系は洪水等災害が多発し、復旧、改修、浚渫が絶えず行われており、その都度工事に対して生物保護の提言をしている。⑵天野川には国指定特別天然記念物「長岡のゲンジボタルおよびその発生地」と「息長のゲンジボタルよびその発生地」があり、河川工事の時、私の意見書を添付して環境省へ申請書を提出する必

要がある。⑶付近の小学生、保護者、一般人対象の「水すまし事業」の観察会の指導資料を作成する必要がある。以上の目的のためである。

二、研究内容の概略

⑴　主な天野川の支流

図1は天野川の支流を示す。南側（向かって右）は鈴鹿山脈北端の霊仙山（1084m）を水源とする支流で、ほとんどすべてが砂防指定河川である。今回は上流から市場川・梓川・丹生川・菜種川の4支流を調査した。北側（向かって左）伊吹山（1377m）を源流に姉川を経由して天野川に流入する河川で、今回は上流より油里川・弥高川と黒田川の主要2支流を調査した。各支流の現況は**表1**の通りで、

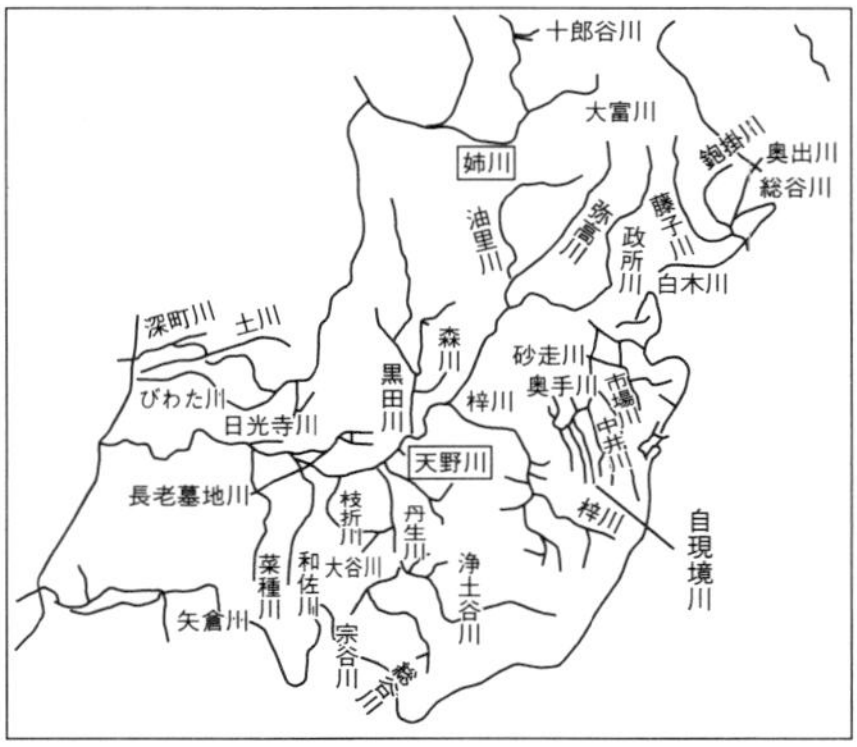

図1　天野川水系の支流

各支流とも調査地点を設定して水生生物を採集し種名を同定して種毎の分布を調査した。

特に丹生川の上流には醒井養鱒場と漆ヶ滝がある。菜種川上流には青滝の滝と鎌刃城跡があり有名である。天野川の水源地は菖蒲池であるが、今は埋め立てられて姿を消した。したがって市場川の上流が事実上の水源地と思われる。

(2) 各支流の水生生物

魚類や両生類等は移動が大きいので、この調査の対象から除外した。昆虫(主として幼虫)外はエビ・カニの類とヒル・ミミズの類である。昆虫で最も多い種はカゲロウ目で各支流とも最多である。次はトビケラ目で、どの支流でも同じである。支流別では菜種川の60種が最多で、次いで丹生川56

水系	支流名	水源地	天野川との合流地	流長（m）	調査地点数	地点間の距離（m）
伊吹山	1. 油里川・弥高川	米原市春照	米原市長岡	約 4,000	8	約 500
	2. 黒田川	米原市観音寺	米原市醒井	約 6,000	14	約 500
霊仙山	3. 市場川	米原市柏原	米原市柏原	約 1,300	6	約 300
	4. 梓川	米原市梓河内	米原市一色	約 4,000	6	約 500
	5. 丹生川	米原市上丹生	米原市枝折	約 5,000	11	約 500
	6. 菜種川	米原市番場	米原市寺倉	約 5,000	8	約 500

表１　主要な天野川支流の概況と調査地点

種、黒田川54種、梓川47種と続く。一般に清冽な川ほど生息する幼虫の種類、個体数は多い。各目の主要な指標生物種については後述する。

(3) 支流別生物学的水質判定指数

一般に水質を調べるのにパックテストによってCODなどを調べるが、この方法は一過性でその時に流れている水質しか測定できない。しかし底生生物で調べると長期間流れている水質が調べられる。そのテキストは「水生生物でみるしがの水」があり環境省も出している。この調査法の基礎になっているのがBeck-Tsuda法で今回の調査ではBeck-Tsuda法βを用いた。少し古い調査法であるが、過去の調査と比較するため私は一貫してこの方法を用いているし、奈良女

番号	目／支流名	昆虫外	カゲロウ目	トンボ目	カワゲラ目	半翅目	ヘビトンボ目	トビケラ目	鱗翅目	甲虫目	双翅目	計
1	油里川・弥高川	9	7	4	0	0	0	11	0	1	2	34
2	黒田川	12	14	9	1	2	0	8	0	4	4	54
3	市場川	4	15	0	3	0	1	8	0	0	4	35
4	梓川	5	17	2	5	0	1	9	0	3	5	47
5	丹生川	5	23	1	9	0	1	11	1	0	5	56
6	菜種川	9	20	9	4	0	1	11	0	1	5	60

表2　支流別目別採集種数（魚類・両生類は除く）

子大学の恩師津田松苗先生の考案した方法でもあるからである。数値の出し方は省略する。

表３は各支流の上中下流別と支流全体の平均の biotic index を示したものである。支流全体では丹生川の26・1が最高で、次いで菜種川の25・3である。油里川・弥高川の13・9はα中腐水（きたない）に入るが、他の支流はすべてβ中腐水（ややきれい）の水が流れていることになる。梓川の上流31・0、丹生川の下流30・0は貧腐水（大へんきれい）に入り、生息幼虫の種類も多い。

⑷　主要な指標生物の各支流別棲み分けについて

できるだけ多くの指標生物についてその棲

番号	支流名	調査年	上流	中流	下流	全支流平均	Bect-Tsuda 法による biotic index の基準
1	1. 油里川・弥高川	2008	14.3	14.0	12.0	13.9	
2	2. 黒田川	2013	17.0	20.0	23.3	20.1	30＞　大へんきれい　貧腐水
3	3. 市場川	2014	24.5	25.0	25.0	24.8	29〜15 ややきれい　β中腐水
4	4. 梓川	2010	31.0	22.5	18.5	24.0	14〜6 かなりきたない 中腐水
5	5. 丹生川	2012	19.8	29.5	30.0	26.1	5〜0 大へんきたない 強腐水
6	6. 菜種川	2011	27.7	23.0	25.0	25.3	

（上、中、下流の調査地点数が異なるので全平均は上、中、下流の平均にはならない）

表３　支流別生物学的水質判定指数（Beck-Tsuda 法βによる biotic index）

み分けを詳述すべきであるが、紙面の都合もあって極く少数の各支流の代表指標生物について簡単に述べることとする。

表4のように9種のみを取り上げた。表のP.i.はpolldion indexの略で汚染指数を表している。前述のBeck-Tsuda法によるbiotic indexは水質全体を指すが、P.i.は生物各種毎の生息域の汚染の状況を示す指標である。

サワガニはP.i.1であるが、すべての支流すべての区域に生息しているが貧腐水域に最も多く見られる。カワニナはP.i.2で、β中腐水性で貧腐水には生息しにくい種である。このカワニナを食餌とするゲンジボ

番号	生物名	サワガニ			カワニナ			ヨシノマダラカゲロウ			エルモンヒラタカゲロウ			チラカゲロウ			カワゲラ			ヘビトンボ			ヒゲナガカワトビケラ			ゲンジボタル		
	汚染指数(P.i.)	1			2			1			1			1			1			1			1			2		
	区域／支流名	上流	中流	下流	上	中	下	上	中	下	上	中	下	上	中	下	上	中	下	上	中	下	上	中	下	上	中	下
1	油里川・弥高川	○	○	○	◎	◎	●	－	－	－	－	－	－	○	－	－	－	－	－	－	－	－	●	◎	－	－	○	－
2	黒田川	○	○	○	◎	●	●	－	－	○	－	－	○	●	○	●	－	－	○	－	－	－	－	○	●	○	－	－
3	市場川	○	○	○	－	－	－	●	◎	◎	◎	－	○	◎	－	○	◎	○	●	－	●	○	○	○	－	－	－	－
4	梓川	○	○	○	－	○	◎	●	●	●	●	◎	●	◎	－	－	◎	○	－	◎	○	○	●	◎	◎	－	○	○
5	丹生川	○	◎	○	－	－	－	◎	●	●	●	●	●	－	－	◎	◎	◎	○	－	○	◎	○	●	◎	－	－	－
6	菜種川	●	◎	◎	◎	◎	○	●	－	－	－	○	○	○	－	◎	◎	◎	－	○	－	－	○	◎	●	－	－	－

●：多い　◎：かなり多い　○：少ない　－：今回認められず
汚染指数P.i. 1.（貧腐水性）　P.i. 2.（β中腐水性）　P.i. 3.（α中腐水性）　P.i. 4.（強腐水性）

表4　指標水生生物の各支流の区域別の分布状況（上、中、下流別）

タル幼虫は同じくP.i.２で、同じ環境水域に生息していることが分かる。ゲンジボタル幼虫は3月下旬から4月下旬にかけてほとんど上陸してしまうので、この調査は毎年5月の調査なので、川に残っているゲンジボタル幼虫は極めて少なくなっている。他の幼虫は5月が最も多く大きく成長しているので5月に採集を行っている。ヨシノマダラカゲロウ幼虫とエルモンヒラタカゲロウ幼虫は共にP.i.１でよく似た分布、棲み分けをしているが、エルモンの方がより流速の早い川の石面に遍平な型で吸い付くように生息している。チラカゲロウ幼虫もP.i.１であるが、少し流速が小さく石礫底に生息している。カワゲラ目幼虫はすべての種がP.i.１であるので、カワゲラとしてまとめた。清冽かつ急流の石礫底に生息する代表選手である。ヘビトンボ幼虫はムカデ型の大きい幼虫で10㎝近くまで成長する。P.i.１で岩石の多い落差のある水域に見られる。トビケラ目幼虫は種類も多く広範囲の水域に分布している。その中で最もポピュラーな大きい幼虫はヒゲナガカワトビケラでP.i.１であるがP.i.２に近く適応力があって広く分布している。以上の各種の分布状況から河川の水環境の特色と汚濁・汚染の程度を知ることができる。

三、まとめとお礼

事務局より３０００字程度という制限をいただき、テーマとその内容を極力しぼったが大分オーバーしてしまった。また他の水系との比較や経年変化の推移等もまったくふれられなく、分かりにくい報告書になってしまったことお許しください。編集者より写真添付するようにとありましたので理解していただくため水性生物の写真を添付しました。

末尾にこの研究について私が高齢（米寿）になりましたので採集等について家内や息子たちの支援協力を得たことを付記しておきたいと思います。

エルモンヒラタカゲロウ
幼虫７～８㎜

菜種川　ヘビトンボ
大：60㎜　小：15㎜

D（中流）
ある地点の水生生物全体

ヒゲナガカワトビケラ
幼虫１～２㎝くらい

サワガニ
大きさ３㎝くらい

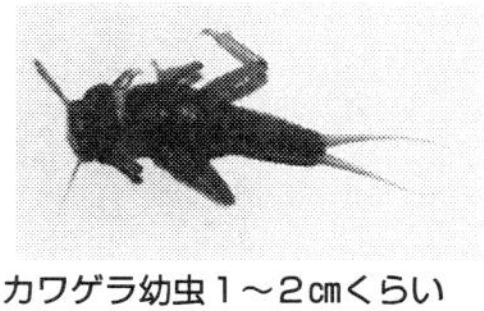

カワゲラ幼虫１～２㎝くらい

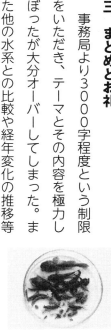

最後になりましたが県立大学名誉教授小林圭介先生のご指導に深く感謝致しますと共に貴同窓会の会長さんをはじめスタッフの方々のご配慮に厚くお礼を申し上げます。

（２０１５年11月発行「滋賀大学教育学部同窓会誌」66号掲載分を修正）

追記

このレポートを通して、天野川は有名な淡水魚類ビワマスやコアユ、発光するホタルだけの川でなく、多様な生物の「ゆりかご」であり母なる川であることをご理解いただけると幸いです。大小多くの水生生物が棲息してこそ豊かな川といえるのです。小さい命を大事にしてこそ、大きい命も栄えることができるのです。

私は、今まで述べました多くの人、多くの生きものとのつながりがあってこそ、いろんな研究を楽しむことができました。みなさんも私のつながりを参考にして、多くの人や自然とのつながりを深めていただき、天野川や姉川のみならず近くの清流を保全していただきたいと念願してこの章を閉じます。

第6章

野鳥の話をしながらつなぐ

1　はじめに

「三島池でマガモが自然繁殖しているようだ。君は近くに新設された中学校へ勤めているようなので確認してくれないか」

昭和30年（1955）の春のことでした。電話をくださったのは、浜大津湖岸疏水の取入口近くにあった京都大学附属臨湖実験所長をしておられた川村多実二《たみじ》先生（1883～1964）でありました。

川村先生には琵琶湖や比叡山の野鳥観察に連れて行っていただいたり、当時、創立間もない滋賀県立短期大学（彦根市）の学長になられた先生の彦根の下宿へ琵琶湖の水鳥の話を聞きに行ったりしていました。

川村先生のこの一言が、私（おじいちゃん）と水鳥、特にマガモとをつないでいただいた大きなきっかけでありました。

さて、少し横道にそれますが、「つなぐ」ために必要なことは、人と人との信頼関係はもちろんのこと、自分の元気なうちに次の信頼する人にバトンを渡すことです。人生いつどこでどんなことが起きるか分かりませんので、後に続いてくれる人を自分が元気に活動しているうちに依頼しておくことが大切です。

その点、私は大変好運に恵まれており、例えば滋賀県野鳥の会では発足の昭和44年（1969）から昭和54年（1979）まで、比叡山延暦寺の執行様が会長を引き受けてくださいました。そして、その後、私が平成12年（2000）まで会長を引き継ぎました。次いで岡田登美男さんに会長をお願いし、現在も会長として会の世話をしてくださっています。

また、鴨と蛍の里づくりグループでは、創設の平成元年（1989）から平成16年（2004）まで私が代表を務め、平成17年から田中万祐《かずすけ》さんに代表を受け継いでいただきましたが、平成30年（2018）1月突然他界されてしまいました。田中さんは78歳の若さで、まったく思いも寄らぬ出来事でありました。その1年前のことですが、田中さんに「もうそろそろ後継者の予定を考えていただくとよいのではないか？」と申し上げたら「鹿取和幸さんに頼んでいるのですが」と言っておられました。「鹿取さんは大東中学校で科学部でしたし、大東中学校の先生に赴任されてか

左端が田中万祐さん、右端が筆者（2003 年 4 月 20 日、第 36 回全国ホタル研究大会久米島大会後の島内見学）

らも科学部担当でしたので、後継者に大変よい人ですね」と話していました。突然の逝去でこのバトンタッチが現実のものになってしまいました。残念ではありますが、田中さんにその予感があったのではないかとさえ思わざるをえません。

もう一つ「つなぐ」の例ですが、私が平成12年（２０００）に開講しました社会福祉協議会の「環境と健康講座」は、私が10年間実施し、それから5年間、山本孝雄さんにつないでもらいました。山本さんから田中万祐さんへつないでもらった矢先の平成28年（2016）、わずか2年で田中さんが逝去してしまわれ、後継者はもちろん確実に決まっていませんでした。こんなこともあって「つなぐ」チャンスの難しさをつくづく感じています。先に述べましたように、「元気な中に後継者を依頼しておくこと」の大切さとともに、つなぐための資料としての「研究紀要」とか「会誌・会報」などを必ず毎年発行しておくことがキーになります。

私は今まで新聞、雑誌などに依頼されてシリーズものを書いてきました。新聞では「近江の鳥たち」（中日新聞）、「近江探鳥地百選」（京都新聞）、「湖国随想」（中日新聞）、「湖友録」（朝日新聞）などがあります。湖北の地域情報誌「み～な　びわ湖から」に連載した「湖北野鳥散歩」について少し話をしてみましょう。

2 「み～な　びわ湖から」に連載した「湖国野鳥散歩」（全81回）について

大東中学校を退職して滋賀文教短期大学に勤めていた時、同短大の教授で「長浜み〜な」（現「み〜な　びわ湖から」）のスタッフだった中島智恵子さんから「次の巻頭言は先生ですよ」と告げられびっくりしました。そこで「湖北の大河姉川の生きもの」を書きました。

　それから「み〜な」と縁をいただき、平成9年（1997）3月発行の45号から「湖北野鳥散歩」を書き始めました。第1回はお祝いを込めてオシドリにしました。湖北で見られる野鳥の種類を次々と書いているうちに、何か竜頭蛇尾になっていくように感じました。70回を過ぎたある日のこと、私が書き倦んでいるのを感じた家内が「最近、内容がマンネリ化、形式化、図鑑化……しているのではないですか？」と、ふとつぶやきました。私は、はっとして「そうだ！」と思いました。高齢になって野外へ出て野鳥に出会う機会が少なくなっていたのです。その結果、既存の知識を中心にして書いていましたので、現実味、臨場感、感激の響きが文面に出ていなかったのでした。

　こんな現状ではもう連載をやめるべきだと思い、編集長の小西光代さんにそっと打診すること数回、その都度「高齢者の生き甲斐に」と、継続するよう励ましてくださいました。この温かい言葉なくして米寿近くまで書き続けることはできなかったと感謝しております。そして81回で筆を擱《お》くことを決心しました。終末を飾る散歩場所として「三島池は野鳥保護の発信地」3回分と「滋賀県で大切にすべき鳥類群集」7回分を用意して、湖北野鳥散歩の歩みを止めることにしたのです。

　次に鳥類群集地の2回分を加筆・再掲させていただいて次につなげたいと思います。

3　比叡山は日本の鳥類保護の母山

A　中西悟堂さん（1895～1984）と比叡山

「日本野鳥の会」を創設された中西悟堂さんは幼くして両親と死別生別され、比叡山延暦寺に預けられました。野外で長期の座禅を組まれることがあって体に苔が生えてきて、野鳥が自然物と勘違いして頭や肩に止まって、さえずったそうです。長

中西悟堂さん（左）と筆者（1960年代）

い座禅中の唯一の友だちは野鳥であったといわれています。後に悟堂さんは日本野鳥の会を立ち上げ、野鳥保護の重要性を全国に呼びかけられましたが、そのきっかけは比叡山だったのです。悟堂さんは天台宗大僧正の称号をいただかれています。

B　川村多実二先生（1883〜1964）と比叡山

川村多実二先生は京都大学教授で琵琶湖の淡水生物研究の元祖です。名著『淡水生物学』（裳華房、１９１８）の発行は琵琶湖の淡水生物研究の幕開けで、この著書から各生物分野の実に多くの学者が輩出されました。その当時「川村多実二先生」の名前が出ると、聴衆は急に思わず知らず姿勢を正されたほどでした。淡水生物研究と同時に野鳥の保護研究でも「東の中西悟堂、西の川村多実二」と呼ばれるほどの巨人でありました。私も比叡山の旧延暦寺会館に寝泊まりして、昼夜野鳥観察の実地指導を受けました。またライフワークとして長く続けてきました「水生昆虫の手ほどき」も三井寺の渓流で先生から初めて受けました。

川村多実二先生（川合禎次・谷田一三編『日本産水生昆虫　―科・属・種への検索―』東海大学出版会より）

私が「日本におけるマガモ自然繁殖南限地三島池の発見」を確認できたのも、前述のように先生の示唆があったればこそでした。このことで先生がお墨付きをくださったので全国の研究者に信用していただけました。また、その発表の場所として日本野鳥の会の会誌「野鳥」に掲載を薦めてくださったのは中西悟堂さんでした。この二人の鳥学者に私をつないでくれたのはマガモであり三島池でありました。

C　「滋賀県野鳥の会」初代会長・叡南祖賢《えなみそけん》延暦寺執行様

昭和30年（1955）半ば頃から琵琶湖の水鳥をめざしてハンターが殺到してきました。しかし、他方、水鳥を守る組織がまったくなかったのです。そこで県は、私が「山東野鳥の会」を組織し会誌「青い鳥」を6号まで発行して大東中学校で活動していたのを見つけてくださって、私に「ぜひ滋賀県野鳥の会に発展的解消して新組織をスタートさせていただけないでしょうか」と要請されました。当面、事務局は県林務課に置き、諸経費も負担していただけることになりました。

しかし、無名の私が会長に就いて旗を振っても効果が小さいことは自明の理でありました。そこで県には、比叡山が古くから「天然記念物鳥類繁殖地」に指定されてその保護に当たっておられることから、延暦寺の最高位の僧で執行職の叡南祖賢様に就任を依頼していただきました。昭和44年（1969）8月末日のことで、それ以来10年間会長を執行様が代々受け継いでくださいました。事務局長として会員の中井一郎さん（膳所高等学校）に探鳥会や会誌「かいつぶり」の発行などを担当して

滋賀県野鳥の会の中井一郎初代事務局長（会誌「かいつぶり」第11号より）

滋賀県野鳥の会の叡南祖賢初代会長（会誌「かいつぶり」第１号より）

いただきました。

滋賀県野鳥の会の会誌「かいつぶり」創刊号の巻頭言に、叡南会長は「朝もやに包まれた早朝、まだ明けやらぬ木立を通していずこともなく、さえずる小鳥の声をきくと、なんとも言えない荘厳さを感じることができます。このときこそ人間が自然にとけこんでいる貴重なひとときだと思います」と書いておられます。このように比叡山は宗教の母山であると共に日本の野鳥保護の母山でもあるのです。

D　比叡山の探鳥コース

比叡山延暦寺は大きく分けて東塔・西塔・横川の3地区から構成され、それらを結ぶ比叡山ドライブウェイバスが運行しています。バードウォッチャーはこれら3地区を縫うように通っている東海道自然歩道を歩くのがよいでしょう。「バードウォッチのため自然歩道を歩きます」と言えば入場は無料になります。自然歩道は国が定めた一般道路だからです。

山麓のケーブル坂本駅から日本一長いケーブルカーで11分、山上のケーブル延暦寺駅に到着します。急に視界が開けて四方八方から野鳥の声が響き合い、目の醒める気がして、みな両手を伸ばして深呼吸をしています。山上駅からの探鳥コースは普通、清竜寺コース、四明ヶ嶽《しめいがだけ》コース、そして今回案内します無動寺コースの三つです。どのコースも4月から6月の若葉の萌える頃が一番よいでしょう。

E　無動寺コースのバードウォッチング

ケーブル山上駅から左（南）へ緩やかに下るのが無動寺コースです。平成21年（2009）5月10日(日)快晴、駅のすぐ南の枯れ木の樹洞で抱卵中のコゲラがときどき顔を出して愛嬌を振りまいてくれましたので、バードウオッチャーはじめ観光客のみなさんは歓声をあげて拍手していました。

無動寺谷は昼なお薄暗く、スギの大木に混じって、常緑、落葉の大木もあり、野鳥の好む混交林になっています。石車に乗ってすべらないよう、谷に落ちないように、あちこちにある寺院や神社にも手を合わせながらゆっくりとウォッチングしてください。叡南祖賢初代会長のお教えどおり「人間が自然にとけこむ貴重なひときき」になることでしょう。

あちこちからオオルリやキビタキ、クロツグミ、シジュウカラ、ヒガラ、ヤマガラのコーラスを聞くことができます。谷間の木洩れ日の間から湧いてくるように響いてくるのはミソサザイ、センダイムシクイ、ヤブサメの声。中西悟堂さんからいただいた「茶の間掛け」の一幅「青山の幾起伏《いくきふく》しのゆるくしてツツドリ聞こゆその一つより」、その情景そのままに筒を敲《たた》くような低音が厳かに腹に響くように聞こえてくるのはツツドリの「ボンボンボン」。ホトトギスの「てっぺんかけたか」の鋭い声、イカルの「月日星《つきひほし》」の透き通った明るい朗らかな声も聞くことができました。

途中の無動寺は千日回峰行の僧が修業される中心的な寺院であり、周囲を回るだけでも身のひきしまる感じがして長く合掌しました。昼食は、この時季ピンクの花がいっぱい咲いている谷間のクリンソウ群落を見ながら、信者さんの鐘や鈴の音を前後に受けながらゆっくり味わうことができました。

F　世界文化遺産の比叡山

叡南会長が「野鳥の楽園の杉の大木を多く切り、お山を守る私として申し訳なく……」と書かれているお山。戦後、延暦寺復興資金調達のためやむなく伐採されてから半世紀が過ぎました。お山は除々に昔の姿に回復してきています。川村多実二先生もその後、京都市立美術大学（現在の京都市立芸術大学）学長・京都名誉市民になられました。生前、先生は「私が死んだら琵琶湖と京都の両方面が見える比叡山の尾根に葬ってほしい」と言われていたので、遺言どおり両方が望める尾根に墓標が建てられ、安らかに眠っておられます。私は墓地にみなさんを案内し、川村先生のエピソードを懐かしく話し伝えました。

昭和５年（１９３０）、国の天然記念物に指定されたとき建てられた「比叡山鳥類繁殖地」の石柱は、だいぶん風化したものの今も野鳥たちを元気づけています。日本仏教の母山、野鳥保護の母山、さらに最近世界文化遺産に登録もされ、湖国最高の宝としてお山は永く受け継がれていくことでしょう。私の一番愛したお山、みなさんもこの山を愛する心をつないでいってほしいと祈念いたします。

（２００９年10月発行「み～な　びわ湖から」１０４号掲載分を加筆修正）

4　湖北水鳥公園の歩み

A　琵琶湖の生き物と私のつながり

「本当の博物館とは琵琶湖とその集水域そのものであり、そこに住む人間との関係そのものでありその歴史なのです」と、琵琶湖博物館初代館長川那部浩哉さんが喝破された言葉を私は忘れえません。

私が湖北湖岸の生きものたちと初めて関わり合ったのは昭和37年（1962）、当時の建設省が琵琶湖の水利用のため堅田—守山間（現在の琵琶湖大橋の位置）に締切堰を造って琵琶湖を北湖と南湖に分割して北湖の水をポンプで南湖へ移し北湖の水位を最大3m下げるまで南湖に移して京阪神の飲料水、工業用水、農業用水などに利用する水源にしようと計画した時のことでした。生物資源への影響を予察（アセスメント）するため「琵琶湖生物資源調査団」（団長京都大学宮地伝三郎教授）が結成され、私は津田松苗先生を班長とする底生生物班に属して、彦根から湖北町の片山までの湖岸水生生物の調査を担当しました。次いで「石けん条例」昭和55年（1980）施行の事前調査、「ヨシ群落保全条例」平成4年（1993）施行の事前調査、また「カワウ一斉調査」などでも、いつも湖北湖岸を担当してきました。これらの調査をしながら、湖北湖岸こそ他地域に比べて断然生物相が豊かであることを実感し、湖北こそは川那部館長の喝破された生きた琵琶湖博物館であると思いました。

B　琵琶湖水鳥公園をつくろう

昭和25年（1950）、日本初の国定公園として琵琶湖国定公園が誕生すると、琵琶湖の水鳥にも保護の目が向けられるようになりました。昭和44年（1969）、私は滋賀県野鳥の会を創設してすぐさま「琵琶湖全域鳥獣保護区設定の請願書」を知事に提出しました。伝統的なカモ猟法を守る「流しもち保存会」などから反対意見も出ましたが、昭和46年（1971）、日本一広い「琵琶湖鳥獣保護区」が設定され、水鳥の飛来数は年々激増していきました。

「水鳥公園をつくろう！」という県の呼びかけがあり、琵琶湖周辺6ヶ所の候補地が挙げられました。人間が遊ぶための公園でなく、水鳥たちが巣作り、子育てや安心して眠れる「ねぐら」などの公園をつくってやろうという発想です。湖北湖岸2・5㎞が第一の候補になったのは言うまでもありません。

C　ビジターセンターの建設

第1号館の開館は昭和49年（1974）、全国植樹祭開催の前年、栗東市、山東町で開催された「全国野鳥保護の集い」の時でした。主会場は彦根市民会館で、その後の「キジ放鳥会場」として多賀町一円ダム池畔に「野鳥の森ビジターセンター」が建設され、日本鳥類保護連盟総裁の常陸宮正仁親王殿下と同妃殿下をお迎えして、キジの放鳥が一斉に行われました。

第2号館は翌年、先にも述べましたように全国植樹祭が栗東市と山東町で開催された折、陛下のご意向で三島池に行幸啓になることになり、急遽、周辺の山地や水田、平地林が買収され、伊吹山を望む絶景の地に「三島池ビジターセンター」が建設されました。

第3号館は「新旭水鳥観察センター」で、平成元年（1989）に完成しました。湖南では巨大ビジターセンター「琵琶湖博物館」がその偉容を日本全国にアピールすることになりました。

どのビジターセンターも設計の段階から私も関わらせていただきました。特に琵琶湖博物館は、国内の博物館の見学など多くのメンバーと共に意見を述べ合う機会がありました。今でもそれらのビジターセンターに立つと、往時のことを懐かしく思い出します。特に後年滋賀県知事になられた嘉田由紀子先生とは長くお付き合いさせていただいて、多くのことを学ばせていただきました。

D　湖北野鳥センター／琵琶湖水鳥・湿地センター

琵琶湖が日本で一番広大なラムサール条約登録湿地の指定を受けたのは平成5年

(1993)でした。なかでも湖北・湖西の湖岸はヨシ原も広く湖辺林も残り、手入れや野鳥保護も行き届き最適の湿地でした。また湖北町の熱意もあり、町づくりの一環として「道の駅湖北みずどりステーション」も建設されることになりました。さらに、「湖北野鳥センター」の隣に、全国で数少ない環境省の「湿地センター」が併設されることになり、「琵琶湖水鳥・湿地センター」という名称になりました。展示部門で私は「ラムサール条約コーナー」を担当させていただきました。県内初の有料ビジターセンターになり、内容がいっそう充実しました。観光客や研究者に大好評になりましたのは、次の理由によるものと思われます。

①オオヒシクイ、コハクチョウが200~300羽飛来すること
②多くの種類の水鳥、ヨシ原の鳥、それに数千羽のツバメなどの山野の鳥のねぐら入りが見られること
③憧れの巨大ワシ・オオワシが毎年飛来すること
④屋上に超望遠鏡が設置され、リアルタイムで映像が映し出されること
⑤道の駅では、琵琶湖の淡水魚、アユ、ワカサギ、イサザ、エビなどの珍味が手

オオワシ（琵琶湖水鳥・湿地センター提供）

琵琶湖水鳥・湿地センター全景

に入ること

⑥夕照の琵琶湖が美しく、カメラマンのよき対象になること

それらをバックアップするように常駐の野鳥研究の専門家が指導に当たるとともに、観察会やお話会を随時開催し、子どもから成人、老人まで楽しく過ごすことができるからでしょう。

団体対象では児童生徒の学習、一般社会人の自然環境研修、高齢者や障害者の福祉事業の場として大きく役立っています。

今後もますます発展につながっていくことを期待したいと思っています。

（2010年4月発行「み～な　びわ湖から」106号掲載分を加筆修正）

その他の野鳥群集地は省略しますが、「み～な　びわ湖から」103～115号にも書いていますし、『滋賀県レッドデータブック』2000年版および2005年版（サンライズ出版）にも取り上げられていますので参照していただき、野鳥群集の保護、環境保全を長くつないでいっていただくことをお願いしてこの章を終わります。

第7章

ホタルの話をしながらつなぐ

1　はじめに

もう80年くらい前の話ですが、「ホー　ホー　ホタル来い　あっちの水は苦いぞこっちの水は甘いぞ……」と大声を張り上げながら、子どもたちが古い蚊帳で作った細長い袋と笹の葉を先に着けた竿を持って、夕方になると三々五々、辻々に集まって来たものでした。ホタルが光り出すと一斉に近くの川や田んぼの溝に散らばって、ホタル捕りに夢中になって畦を走り回ります。1時間もすると袋に100匹ほどのホタルを捕って帰って来ます。村の辻々の白熱電球が照らす電柱の下には、ホタル買いのおじさんが待っているのです。

当時の「長岡のホタル保勝会」が書かれているホタルの参考記録を見ると次のようです。

保勝会は放蛍用、献上用、土産用にゲンジボタル4万匹を80円で買入契約をしました。1匹あたり0・2銭、100匹で20銭、当時はがき1枚2銭、豆腐1丁5銭という時価が付け加えて書いてありました。

ホタルはこのように割合高値で売れましたので、大人もホタル捕りにかなり出ていました。当時ホタルは保護しなくても毎年いっぱい発生するので、貴重な虫という受け止め方はありませんでした。

しかし、戦後十余年が経過する頃から生活が急向上しはじめ、生活廃水の垂れ流し、農作技術の大型機械化、化学肥料・農薬の大量使用などによりホタルは大打撃を受け、一時期ホタルは全滅したように激減してしまいました。そこで、長岡青年団が毎晩ホタル監視当番を出され、ホタルを捕らないようパトロールを始められたのです。そして、ついに「天野川源氏蛍を守る会」が結成されたのは昭和39年（1964）のことで、私（おじいちゃん）も早くからこの会に入れてもらって保護活動に参加しました。

2　大東中学校科学部のホタル保護への研究と提言

「長岡のゲンジボタルおよびその発生地」が国指定特別天然記念物（全国のホタル発

生地の中でここ１ヶ所のみ）になったのは昭和27年（１９５２）で、終戦後間もない時でありました。昭和34年（１９５９）、伊勢湾台風と集中豪雨が連続してこの地域を襲い、天野川の堤防は決壊し、長岡は大洪水に見舞われ、ホタルは全滅し、１匹の発生も見なくなりました。

そこで「どうしたらホタルは回復するのだろうか？」と考え、「天野川ゲンジボタルの減少に関する調査研究」を大東中学校科学部の研究テーマの一つにして、昭和41年（１９６６）に取り組むことにしたのです。

久田政明君や石川隆治君、三原清和君、大鹿英彰君がその中心となって、暑い夏も厳寒の冬も休みなく水生生物の調査を担当してくれました。毎月１回数ヶ所の定点を決めて、50㎝四方の枠内の全水生生物を採集する定量採集をやってくれました。その結果、月ごとの水生生物の重量変化を知ることができました。さらに、その間の環境負荷（日照り、台風、航空防除、農薬散布、濁水流出など）と生物への影響と消長を把握することができたのです。そのデータについて、先に述べました奈良女子大学教授津田松苗先生に私の家に一泊していただいてアドバイスをお願いしました。

先生は天野川や支流に入って詳しく観察してくださって、「川底の水環境が落ち着き、堤防の災害復旧工事が進めば、ホタルは必ず発生する。心配することはないよ」

の一言を残して奈良へ帰られました。この一言がその後結成しました「鴨と蛍の里づくりグループ」の仮設につながり、目標として取り組むことになったのです。詳細はここでは書き切れませんが、この研究を基にして大略次のようなことを町長さんに提言しました。

①航空防除の悪影響は川虫に案外少ないこと
②農薬を水田に散布した時は水田からの水の流出を止めること
③ホタルの幼虫は支流で成長し、本流へ流下してさらに成長し成虫になるので、
　保護区域を支流にまで広げること
④幼虫が増水で流下してしまわないように川底に頭大の石を入れること
⑤区域内に小さいホタルの幼虫を放しても流れてしまい効果が少ないこと
⑥幼虫が春に上陸して蛹化《ようか》するので川岸は舗装しないこと

３　山東町立東小学校のホタルパレード開始

昭和54年（１９７９）、私は山東町立東小学校に校長として赴任し、初めて小学校に勤めることになり何もかもが新鮮でした。「何かホタルについて元気づける行事ができないか」と思い、先生方と相談した結果、「賑やかなホタルパレード」をやろうということになりました。地域の人々とも相談し、協力の依頼もしました。まず、行方不明だった「長岡蛍音頭」の録音テープを探したところ、「ホタルを守る会」会長の堀江茂雄さんが保存されていたことが分かりました。

楽譜を探しても見つからず、テープから東小学校の細井文子先生が楽譜にしてくださって、振り付けもみんなで創作し、うちわを持って踊ることになりました。そして、東小の鼓笛隊を先頭に、段ボールで作った大きいホタル御輿を赤白青黄組各一基ずつ、みなで担いでパレードすることにしました。

土曜日の午前中、近江長岡駅前広場で集会を行って、山東町役場まで約３００ｍをパレードしました。ＰＴＡ、長岡ホタルを守る会、幼稚園・保育園の園児たちにも一緒にパレードしていただきました。その後、このパレードは「ホタルまつり」の中心的行事になり、翌々年から山東町主催で開催されるようになりました。

　ＪＲがほたる電車を運行したり、長浜と米原のホテルがホタルバスを出すようになったり、一般の車で観賞に来る人も多くなりました。そのため、ホタルまつりのポスターに開催期間を早期に表示する必要があると町から求められるようになり、4月初めにはポスター印刷のため決定しなくてはならなくなりました。「鴨と蛍の里づくりグループ」がその責任を負うことになりました。そのためグループで研究を進め、別表のような結論を得ました。

最近のゲンジボタル発生状況

年	幼虫上陸初認日	成虫発生初認日	上陸初認日から発生初認日までの日数	最盛期	春先の気温
1995	4月9日	5月28日	50日		普通
1996	4月15日	6月1日	48日		寒い
1997	4月2日	5月16日	45日		暖かい
1998	3月27日	5月7日	42日	5/19 ～ 6/6	大変暖かい
1999	3月26日	5月15日	51日	6/3 ～ 6/12	暖かい
2000	4月10日	5月23日	44日	6/3 ～ 6/14	普通
2001	4月5日	5月24日	50日	5/31 ～ 6/10	普通
2002	3月28日	5月13日	47日	5/28 ～ 6/10	5月低温
2003	4月2日	5月18日	47日	5/28 ～ 6/13	暖かい
2004	3月30日	5月17日	49日	5/28 ～ 6/7	大変暖かい
2005	4月2日	5月20日	49日	6/5 ～ 6/20	やや低い
2006	4月4日	5月28日	55日	6/9 ～ 6/20	普通
2007	4月6日	5月21日	46日	6/4 ～ 6/20	暖かい
平均	4月3日	5月20日	48日	6/2 ～ 6/13	

多少地域によって異なります。

ゲンジボタル幼虫の上陸初認日と成虫発生初認日との関係

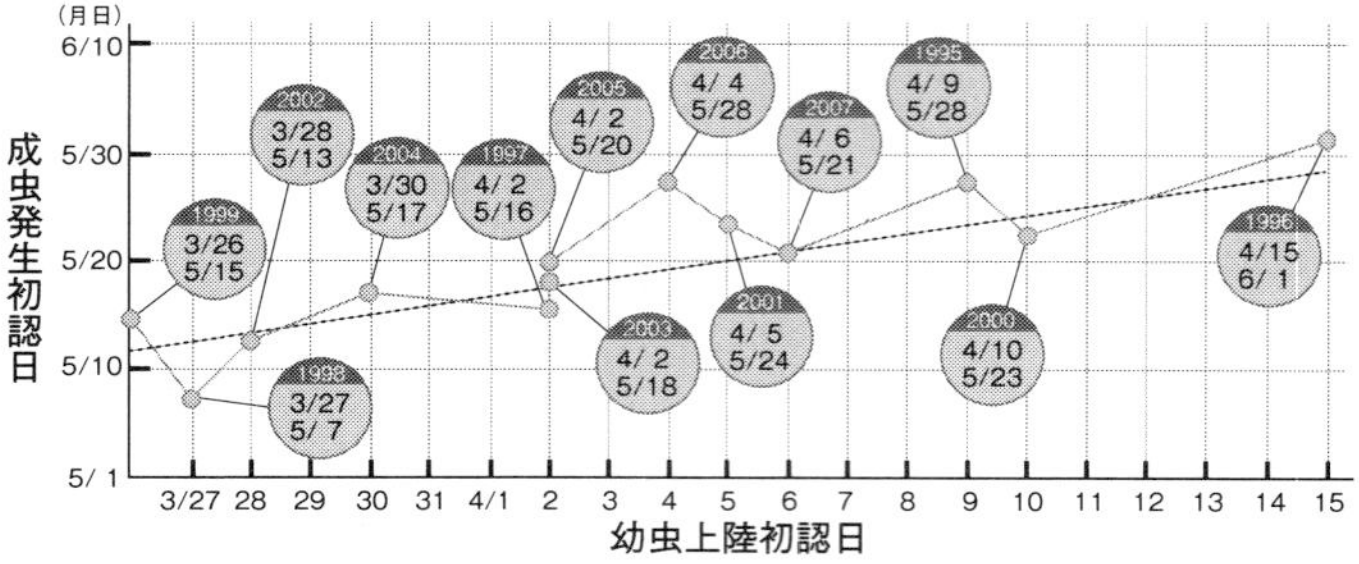

4　ゲンジボタル発生予報の原則とつながり

①ゲンジボタル幼虫の上陸初認日をつかむこと（桜前線到着とほぼ同時頃）
②幼虫上陸後ホタル成虫発生までは平均48日かかること（土中で蛹化）
③ホタル成虫発生の最盛期は、成虫発生初認日の約2週間後であること

ホタルの幼虫の上陸は早い時は3月下旬で、遅い時は4月中旬くらいまで続きます。幼虫の発光は鈍いので川の中に入って川岸の石垣やブロックを探さなければならないし、3月中下旬はまだ寒く雪のちらつく日もあります。特に幼虫は暖かい日の雨が降る夜に上陸します。すなわち、川の水温と気温がほぼ同じ夜で、陸上環境が川の水環境によく似ている雨降りの夜です。そんな夜に幼虫は上陸して、舗装した道路を横切ってでも畑などの草地に入ろうとするので、車などで潰されることが多く、一匹一匹を安全な場所へ移動させることも大切な仕事です。

調査中に川の深みに足を取られひっくり返り、ずぶ濡れになることもしばしばで

す。二人ペアを組んで調査に出掛けないと危険なのです。私はいつも家内と二人で夜遅くまで村々を回りました。

５　米原市蛍保護条例へのつながり

滋賀県坂田郡４町（伊吹・近江・山東・米原）が合併して米原市になったのは平成17年（２００５）10月１日で、昭和47年（１９７２）に作られた山東町蛍保護条例を米原市の条例に改正するための準備委員会が、平成19年（２００７）１月19日に発足しました。その議論の中で問題になった項目とその定義は次のようになりました。

①ホタルとは何を指すのか

　ゲンジボタル、ヘイケボタル、ヒメボタル、クロマドボタルなど

②ホタル幼虫の餌とは何か

　カワニナ、モノアラガイ、ヒメタニシなどの水生貝類、キセルガイなどその他陸貝類

③この条例を守る市民とは誰か

市内に居住を有する者、滞在者、旅行者、事業者などすべて

④保護区域とはどこか

ホタルの生息地と、その生息地と一体的にその環境を保全を図る必要のある区域

⑤特別保護区域とはどんなところか

3年以上安定してホタルが発生している区域。国の天然記念物指定区域は国の法律により指定されているのでこの条例では除外

6　ホタル保護をつないだエピソード

①「天野川源氏蛍を守る会」発足　昭和39年（1964）

堀江茂雄さんや奥田博さん、森初男さんたち（3人とも故人）が人工養殖や施設の建設に尽くされ、幼虫の飼育にも取り組まれ、毎年多数の幼虫を天野川の支流弥高

川へ放流しつづけられました。これらの活動が認められ、「全国ホタル研究会近畿地区」代表理事に堀江さんが推薦され、全国的に指導をなされました。

その結果、昭和59年（１９８４）に「全国ホタル研究大会」（第17回）が山東町で盛大に開催され、私も研究発表をしました。この大会で天野川のゲンジボタルは全国的に有名になりました。私も、北は北海道恵庭の大会、南は沖縄の久米島大会などに参加し、研究発表も各所で行いました。そして、堀江さんの推薦で近畿地区理事をつなぐことになり、全国的に活動することになりました。堀江さんはじめ多くの関係者のみなさんに感謝いたします。

②天野川水源地付近に県産業廃棄物最終処分場計画

昭和62年（１９８７）、突然この計画が持ち上がり、知らぬ間にアセスメント一般公開までに進んでいました。万一、汚水が天野川に流出したら、国指定特別天然記念物「長岡のゲンジボタルおよびその発生地」の存続が危ないと住民が立ち上がりました。山東町議会議長でありました森初男さん、県議会議長でありました伊夫貴直彰さんらの反対陳情が再三繰り返され、ついに県はこの計画を白紙撤回し、「ゲンジボタル発生地天野川」はようやく難を逃れました。自然保護をつないでいくことは今の時代なかなか難しいことで、多くの人たちの協力がないとつなげないことを実体験しました。

7　鴨と蛍の里づくりグループがつないだ次の道

①鴨と蛍の里づくりグループ発足のきっかけと調査報告

産業廃棄物最終処分場反対の過程でその中心となられた「長岡源氏蛍を守る会」は、県のアセスメントに対抗する確かな調査資料の準備不足で積極的な反対に苦労されました。すなわちゲンジボタル幼虫をはじめ天野川に生息する水生生物が、工場廃水や農薬、航空防除、河川改修、洪水などの負荷に対してどんな影響を受けるかについての調査研究資料が不十分だったのでした。そこで山東町は「蛍の里づくり調査団」を発足させ10名を任命しました。委員長に私、副委員長に堀江茂雄さんと森初男さん、顧問に大場信義さん（全国蛍研究会会長・横須賀博物館館長）が依頼されました。

そこで、役場の一室を研究室と決め、天野川の水生生物の調査を開始しました。平成元年（1989）夏のことでした。それから3年、町から研究費が交付され、毎年、研究紀要「鴨と蛍のまち」で報告しました。3年後「蛍保護と環境保全」についてのまとめを報告しました。大項目6、小項目50に及びました。

②研究調査費の交付切れ

3年経って報告書を提出して委員会の任務は終了し、解散の通告を受けました。しかし、私はわずか3年で解散してしまっては次の環境変化につながっていかないと考え、どこか研究費を援助していただける財団はないかと探しました。調査研究と研究紀要発行のため最低限25万円は必要だったのです。

当時、県立の琵琶湖研究所が琵琶湖文化館の前にあり、そこの所長が吉良竜夫先生でした。研究所へはときどき発表を聞きに行ったり、環境教育について嘉田由紀子研究員に頼まれて講義に行ったりと、吉良先生とはつながりがありました。その吉良先生が審査委員長をしておられた「TAKARAハーモニストファンド」を見付け、応募することにしました。今までの研究紀要1～3集を提出するとともに、吉良先生が近くにおられたので再三お願いに参りました。その結果、最高額の助成金50万円をいただけることになりました。

そして団体名を「蛍の里づくり調査団」から「鴨と蛍の里づくりグループ」という親しみやすい名称に改めて再スタートしました。このグループの発会式の時、私は「これから10年がんばろう」と会員30名に呼び掛けました。「これから10年もできるだろうか」という会員もいましたが、現在30年もつながりつづけ、今や米原市になくてはならない環境保全保護団体になっています。その間、町長と市長より2回表彰状をいただいています。

③平成7年（1995）6月、全国ホタルサミットinさんとう

「1994年度の研究紀要を全国ホタルサミットのメイン資料にしたいので増刷を

頼みます」と役場から要請があり、第6集を急遽改編することにしました。巻頭言を山本博一町長にお願いし、私の「あとがき」のみ書き替えました。当初の巻頭言は京都大学教授の遊磨正秀先生にお願いしていましたので、第6集は二人の巻頭言が飾ることになりました。このことがあって第7集以降は、山東町から印刷製本費20万を継続して出していただけるようになりました。山本さんの次の町長の三山元暎さんは特別環境問題に詳しい方でしたので、つないでくださって現在に至っています。

④平成6年（1994）「天野川源氏蛍を守る会」解散

「天野川源氏蛍を守る会」が初期の目的を達成されたことと、人工養殖施設の老朽化が進んだこともあって会を解散されることになり、「人工養殖施設」の撤去も行われました。守る会は「ホタルの人工養殖を行うことによってホタル発生の維持、増殖ができる」という仮説のもと活動を続けてこられました。他方、鴨と蛍の里づくりグループは「自然環境を保全すれば蛍は自然に発生し増加する」という仮説のもとに河川改修のあり方などを提言し実践してきました。この二つの会は車の両輪のように機能してきたこともあって、守る会の解散は大きなショックでありましたが、守る会の主要メンバーに鴨と蛍の里づくりグループに入っていただきましたので、一枚岩になって活動を続けることになったことは幸いでありました。そして、グループの環境保全はホタルだけでなく自然環境全体に対象を広げ、山室湿原、お臼のハリヨ、伊吹山頂のヒメボタル、全町内のヘイケボタルやクロマドボタルなどの保全にも取り組むことになり、その成果は研究紀要に年々集録され莫大なものとなり、米原市の環境保全に大きく貢献してきました。「つなぐ」ことの大切さを如実に具現化していきました。

⑤ホタルをはじめ米原市の自然環境保全の絆を永く「つなぐ」ために

平成12年（2000）頃になると、ホタルの発生は市内河川を中心に各所で多く見られるようになりました。特に三島池出口の「蛍の川」では、この世の出来事とは思えないほどホタルが多発し、観賞のための席取りまで行われるようになりました。

夜のホタルの一斉明滅はすばらしく、観光客のみなさんはホタルの２秒の明滅周期に合わせて呼吸をされているようでした。その反面、グループの活動も観光面に力が注がれ、本来の自然環境調査研究から離れていくように思われました。さてここでグループ活動をどう本来の姿に戻すべきか、私の肩に重くのしかかってきました。

⑥「日本水大賞」に応募して次へつなごう

いつも大きい「つなぎ目」で私がすることとは、①自分が元気なうちに次のリーダーにつなぐこと、②研究紀要の改革発刊で次のリーダーの特色を出すことの二つでありました。そこで今回もリーダーの交代と紀要の改変をしようと思い、日本水大賞に応募することを決心しました。調べてみるとこの賞の審査委員に、以前からご指導をいただいています川那部浩哉先生（琵琶湖博物館館長、いずれも当時）がおられラッキーでした。応募に必要な二人の推薦者には、グループ顧問の大場信義先生（全国ホタル研究会会長）と嘉田由紀子先生（琵琶湖博物館学芸員）に依頼することにしました。審査の結果、奨励賞を受賞することができました。平成15年（２００３）６月

17日、東京での授賞式に、長い期間支援協力してくれた家内と二人で出席しました。式後、川那部先生にお礼を申し上げに行きますと、「何を言っておられるのです。すばらしい長期の研究で当然のことですよ」と、握手をしてくださいました。早く帰ってグループのみなさんにこの感激を伝えたいと思いました。

再スタートするために「賞金を全部はたいて祝賀会をやろう」と副代表の田中万祐さんと決め、祝賀会の準備を進めてもらいました。三山町長、瀬戸川教育長、三原教育委員長はじめ、今までご協力いただいた役場の人や議会の人たちに招待状を出し、グループ員も合わせて30名余りに集まっていただいて、三島荘で開催しました。各方面から祝辞や激励の言葉をいただき、最後に私からお礼の言葉と、今後どうつないでいくかを述べました。

「みなさんには鴨と蛍の里づくりグループを20年間も長くご協力ご支援いただき、ありがとうございました。このような立派な賞をいただき、感謝感激でいっぱいです。この機会に私はグループ代表を退き、若い副代表の田中万祐さんを後継ぎに推薦します。拍手をお願いします」

と宣言しました。みんなの大拍手に続いて万歳三唱をして幕を閉じました。「次につなげたうれしさ」に涙を流した一夜でありました。

その後、グループの調査研究のカテゴリーも広くなり、隣町近江町の「息長源氏蛍（国指定天然記念物）を守る会」と合併し、前述の他のホタルの研究にも乗り出すことになり、研究紀要もＢ５判からＡ４判に、またカラー写真も入るようになり、「つなぐ」ことによって飛躍的に改変進展を見ることになりました。本当にうれしい、感動的で見事なバトンタッチができました。

追記

このバトンを渡した13年後の平成30年（２０１８）１月14日、「田中万祐代表急逝の報」を受けました。

78歳でした。私より一周り（12歳）若い田中さんがよもや私より先に他界されるとは、思いもよらぬことでありました。最近のことですが「田中さんも80歳近くなられたのでそろそろ後継ぎを考えていただいたら」と申しましたところ「鹿取和幸さん(65歳)にお願いしているんです」と言っておられました。「それはつなぐのによい人や。大東中学校科学部で調査研究に携われたし、早くからグループに入っていただいているし、米原市議会議員にもなられたし……」とお応えしておりました。このように「つながり」がスムーズに続けられることになり、悲しみの中にも光明を見出すことができました。

田中さんのご冥福をお祈りいたしますとともに、3代目代表鹿取さんのご活躍を期待して追記を終わります。合掌。

ホタル保護の歩み

和暦	西暦	事項（標題、テーマ、書名など）	主たる団体名など
大正15	１９２６	滋賀県守山市とともに保存運動が始まる	
昭和３	１９２８	県天然記念物指定	滋賀県
〃５	１９３０	長岡青年団、徹夜の蛍当番開始	長岡
〃19	１９４４	国天然記念物指定	文部省
〃27	１９５２	国特別天然記念物指定	文部省
〃34	１９５９	伊勢湾台風で天野川のホタルの繁殖川床に大被害	
〃39	１９６４	天野川源氏蛍を守る会発足	長岡
〃40	１９６５	東小学校ホタルクラブ発足	東小学校
〃41	１９６６	大東中学校科学部「天野川ゲンジボタルの減少に関する調査研究」が読売科学賞を受賞	大東中学校 読売新聞社
〃47	１９７２	山東町蛍保護条例制定	山東町

昭和54	1979	山東町立東小学校ホタルパレード実施 ホタルまつり復活	東小学校
〃59	1984	山東町主催のホタルまつり始まる	山東町
		全国ホタル研究大会山東大会開催	全国ホタル研究会
〃62	1987	県産業廃棄物最終処分場天野川上流に計画	滋賀県
平成元	1989	ふるさといきものの里認定	環境庁
		山東町蛍の里づくり調査団発足	山東町
〃4	1992	TAKARAファーモニストファンドより研究助成金受ける（50万円）	タカラ財団
		鴨と蛍の里づくりグループ発足	山東町
〃5	1993	滋賀県自然保護財団より2年連続して助成金受ける（各年20万円）	滋賀県
〃6	1994	天野川源氏蛍を守る会が解散し、長岡環境を良くする会が発足	長岡
〃7	1995	全国ホタルサミットinさんとう開催	山東町

平成9	1997	「天野川源氏蛍保護70年の歩み」編集堀江茂雄ほか	鴨と蛍の里づくりグループ
〃12	2000	ホタルが地域内に多発し、ホタルまつりが盛大に行われるようになる	山東町
〃14	2002	ホタルを宝に自然と共生を目指す山東町が、2002年度毎日地方自治体賞の優秀賞受賞	毎日新聞社
〃15	2003	鴨と蛍の里づくりグループが水大賞で奨励賞を受賞	日本水大賞制度委員会
〃16	2004	第16回ほたるサミットinさんとう開催	ホタルサミット委員会
		鴨と蛍の里づくりグループ第2代代表に田中万祐氏就任	山東町
〃19	2007	「長岡のゲンジボタルおよびその発生地の保護の歩みに思う」(「近江教育」第659号　口分田政博)	滋賀県教育会
〃20	2008	米原市蛍保護条例制定	米原市
〃30	2018	鴨と蛍の里づくりグループ第3代代表に鹿取和幸氏就任	米原市

第8章

山室湿原の天然記念物指定への道を話しながらつなぐ

1　私と琵琶湖をつないだもの

私（おじいちゃん）が最初に琵琶湖の調査に関わったのは、第6章で述べました南湖と北湖の締切堰のアセスメントの時に琵琶湖生物調査団（団長…宮地伝三郎京都大学名誉教授）の底生生物部門（部会長…津田松苗奈良女子大学教授）に属した昭和41年（1966）のことでした。

次に昭和55年（1980）「琵琶湖富栄養化防止に関する条例」の制定のためリンを含んだ合成洗剤の使用を禁止し石けんを洗濯に使用することになった、俗に言う「石けん条例」の事前調査の時でありました。リンなどをよく吸収する湖岸のヨシを育てるため、平成４年（1992）に「滋賀県琵琶湖のヨシ群落保全に関する条例」が施行されるのですが、そのアセスメントとしてヨシ原がどれくらい琵琶湖周辺に残っているかを調査することになったのです。当時虎姫高校の村瀬忠義先生と私が、米原から奥琵琶湖までのヨシ原の測定を担当しました。暑い日も厳寒の日も日曜日になると巻尺を持ち、リュックに弁当を入れて測量に歩きました。土曜日はまだ休みではありませんでしたし、車もありませんでしたので自転車で往き来しました。

次にヨシ原をどんな野鳥が利用しているかの調査を滋賀県野鳥の会（会長は私）が引き受け、湖西、湖南、湖東、湖北の4班を編成し、平成3年（1991）～4年に調査しました。特にツバメ、スズメ、ヒヨドリなどの塒《ねぐら》入りは見事で、毎夕数万羽がヨシ原に入り大合唱をしました。その報告書は、滋賀県野鳥の会会誌「かいつぶり」18号と19号（平成3年と4年）に全文を掲載していますので見ていただきたいと思います。会誌「かいつぶり」は県立図書館や琵琶湖博物館に置いてあります。

2　ラムサール条約湿地調査につなぐ

琵琶湖が「湿地」の範疇に入るとは思ってもいなかったのですが、調べてみると湖岸に広大なヨシ原の湿地のあることに初めて気が付き、琵琶湖はれっきとした巨大湿地であったのでした。多くの水鳥や野鳥が利用しているし、魚類のほか多くの水生昆虫が生息していることも分かりました。平成５年（１９９３）、琵琶湖が「特に水鳥の生息地として国際的に重要な湿地に関する条約」（ラムサール条約）の日本一広い湿地に指定され、その保全と持続可能な利用について県民が努力しなければならないことが義務付けられました。

さて、滋賀県内にはもっと身近に多くの溜池、ダム湖、用水池、川辺の池などがあるので、この機会に調査することになりました。「滋賀県湿地調査委員会」事務局は琵琶湖博物館の芦谷美奈子学芸員に決まり、県下３０００ヶ所余りある溜池などの調査をすることになりました。湖北地域は先に述べました村瀬先生と私が担当し、各市町村から現存溜池の資料をいただき、溜池の動植物はじめ水利用の現状を調べて歩きました。長期の学校休日を中心に毎回２、３ヶ所調べました。圃場整備事業や道路建設などで埋め立てられてしまった溜池や、放置されて陸地化してしまった溜池なども かなりあることが分かりました。特に湖南・湖東は溜池などが多いので、調査の支援に足を伸ばしました。平成７年（１９９５）「県溜池研究会」で、３年間の調査のまとめを滋賀県へ提出しました。

3　滋賀県の諸審議会委員として山室湿原へつなぐ

前述のように琵琶湖および溜池などの湿地に関する調査研究に長い間関わっていましたので、滋賀県は私を「自然環境保全審議会委員」「ヨシ群落保全審議会委員」に任命してくださり、県下の自然環境保全状況の把握と改善策について提言する役目と併せて地域の保全活動の指導に当たることになり、重荷をまた一つ背負うことになりました。

その後、県立大学新保友之教授の後任として「県文化財審議会委員」にも任命され、「名所天然記念物指定」を担当することになりました。この審議会は著名な学者の集まりで、ほとんどの委員が大学教授でありました。肩の荷の過重な委員となり、苦労することになりました。

この委員会で「未指定天然記念物一覧表」を渡され、県内28ヶ所の未指定天然記念物候補の存在を知りました。その中に坂田郡（現米原市）内では「醒井地蔵川のハリヨ」と「山室《やまむろ》湿原」が明記されていましたので、この2件は何としてでも天然記念物にしなければならないと思いました。そこで根回しに米原町や山東町の教育委員会に再三説明に上がりました。どの未指定地も本論では賛成されますが、各論になると難しくなります。天然記念物に指定されるためには、環境整備が必要になり、地主・地元の承認を得なければならないからです。環境改善、長く保全し得る保証、個人が所有する土地の許可等々、問題点が多く噴出してきて、一朝一夕一筋縄では指定が受けられないことが分かりました。

4　山室湿原の天然記念物指定へ強く働きかけてつなぐ

最初に日本で有名な尾瀬湿原や釧路湿原、そして山室湿原へ数種の植物を移植したといわれる愛知県の葦毛《いもう》湿原その他の湿原へ家内と一緒に見学に行き、当地の専門家に説明を受けました。資料なども手に入れ、山室湿原対策に役立てようと考えました。

昭和30年（１９５５）前後の山室湿原は、近隣の人たちのキク栽培用のミズゴケの草刈り場、サギソウの球根の採集地になっていました。もう一つは現在の「追分池」も湿原になっていましたので、ミズゴケ、サギソウ球根の採集地になっていて、春4月~5月には両池へかなりの人が大きい袋を持ってミズゴケを採取に来ていました。「これは何とかせんとあかん」と私は思っていました。

その頃から山室湿原は、山東町立西小学校が福永円澄《えんちょう》教頭先生の指導で保護に乗り出され、子どもたちやPTAと観察会を持たれるようになりました。そして湿原全体を東から第1湿原、第2湿原……中央の道を越えて、第5湿原にまで分け、保全場所を分かりやすくされました。また、中央の湿原道が水浸しになるので、国鉄からもらい受けた線路の古い枕木を一列に敷設して観察路を造られました。大変な労力と時間のかかった仕事でした。このことで山室湿原が県下で大切な場所であることが近隣の人たちに分かりはじめ、ミズゴケやサギソウを採取する人たちも少なくなりました。

また、交流のあった葦毛湿原より何種かの湿地植物を移植して山室湿原の植相を賑やかにしようとされました。しかし、後述の学術調査で他の湿原からの移植は固

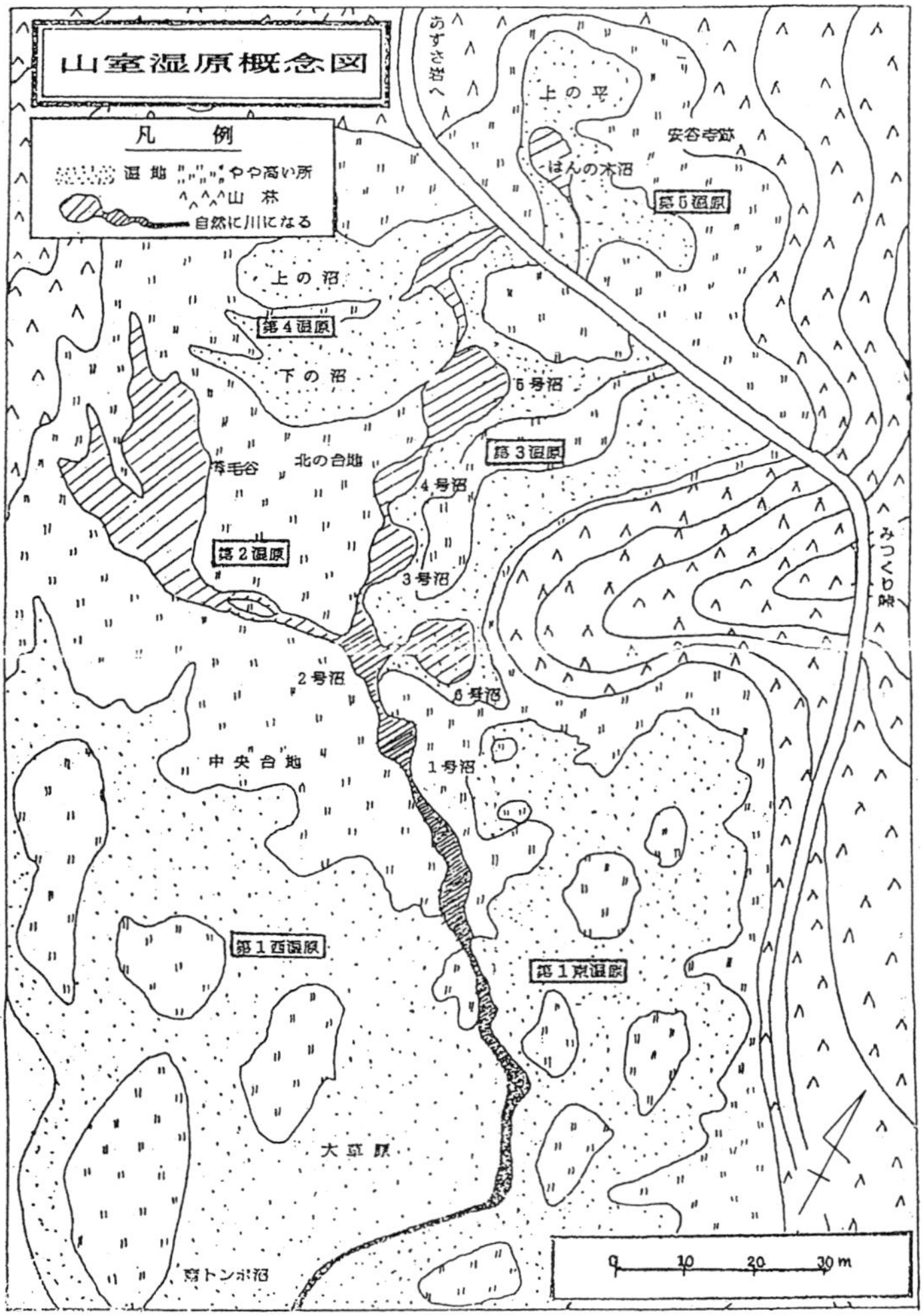

山室湿原概念図（山東町立西小学校作成）

有種に影響を及ぼしたり、植物分布を混乱させたりする恐れがあるので、排除されることになるのですが、一部は残ってしまうことになりました。

5 「山室湿原を守る会」と「山室湿原を考える会」につなぐ

昭和49年（1974）、山室の区長さんを中心に「山室湿原を守る会」が発足し、西小学校とともにミズゴケ、サギソウその他の湿地植物の盗掘を交代で監視されるようになり、一気に山室湿原は価値ある存在として近隣の市町に認められるようになりました。私は日本の有名な湿原を見て回り、第一に改善しなければならないのは湿原に木道を敷設することであると思いました。

木道を敷設するにはかなりの経費と労力が必要ですので、山本博一町長にお願いに行くことを決心しました。しかし、私一人では説得力がないので、当時の学区の町議会議員だった山室の梅津正純さんと、北方の三田村信雄さんに同行をお願いして、3人でお願いに行くことにしました。平成9年（1997）の秋のことでした。

「３人揃って今日は何のご用事ですか」

と町長さんは笑顔で迎えてくださいました。

「実は滋賀県外も含めて国内の有名な湿地を見学したのですが、どこも木道が整備されていて、見学者は木道の上からいろいろ湿原観察ができるようにしてありました。山室湿原も木道を設置して、県下の数少ない未指定天然記念物を保護し、ＰＲしたいのです。木道敷設予算を付けていただきたく３人でお願いにまいりました」

「それは大変よいことだから努力します」

と即答いただきました。

その後、役場の係の人より「材料費と加工費は町で負担するので、組み立てと敷設は守る会でやってほしい」とのことでありました。このことを強力に進めるべく、西小学校区の８字《あざ》による「山室湿原を考える会」を発足させるため、各字へお願いに回りました。こうして「山室湿原を考える会」が平成９年（１９９７）に創設され、各字区長さんが委員に就任され、規則も施行されることになりました。

その後、「山室湿原を守る会」と「山室湿原を考える会」の両会によって木道の組み立て敷設が行われ、多くの人の労力と協力のもと真新しい一方通行の木道が完成しました。元の国鉄線路の枕木は重くて湿原の泥地に食い込んでおり搬出は大変でしたが、1本ずつロープをかけて、みなでヨイサーヨイサーと泥まみれになりながら引きずり出しました。完了は平成10年末でありました。翌11年には中央木道から南の第2湿原へ行く木道と、山道を越えて西の第5湿原へ渡る木道が追加敷設され、木道の両側に観察者の安全を確保するための虎ロープ張りが行われました。

これらの木道敷設と並行して第1回「山室湿原まつり」が平成9年8月に開催され、以後、毎年つながれていくことになります。第1回は西小学校体育館でイベントが行われ、私は全国の有名な湿原のスライドを映写して、湿原の貴重動植物の大切さやラムサール条約について講演をしました。その後バスで湿原に行って新装なった湿原木道を渡りながら、サギソウはじめノギラン、ヒツジグサ、カザグルマ、モウセンゴケ、ミミカキグサなどの珍しい湿地性植物や、食虫植物の観察会を行いました。参加者が帰る時にはサギソウ2株がおみやげとして渡され、来年の祭りの時に花が咲くように手入れの仕方などを説明しました。

６　山室湿原学術調査団へつなぐ

県文化財審議会に提示された未指定天然記念物候補28ヶ所の中に山室湿原が入っていたことは前述のとおりです。そこでどうしても県か市町村の天然記念物に指定していただいて、いっそうの保護と観光客誘致を盛り上げたいと考えました。天然記念物指定には県の文化財審議会を通さなければならず、そのためにはしっかりした「学術調査資料」を揃えることが必要条件です。そこで学術調査団を立ち上げるべく、その中心になっていただく滋賀県自然環境研究会会長の小林圭介先生（滋賀県立大学教授）に協力をお願いするとともに、調査費を出していただくことを山東町長と山東町教育委員会教育長に再三お願いに上がりました。その結果、両者とも協力していただけることになりました。そして、平成３年（１９９１）８月より調査が開始されることになりました。

調査団長は県立大学の小林圭介教授とし、団員として湿地研究の第一人者である岡山理科大学の波田善夫教授、地層生成時代を花粉分析で確定していただくために大阪市立大学の辻誠一郎教授に入っていただくことになりました。植物・動物・水位・水質については滋賀県自然環境研究会のメンバーで行うことになり、村上宣夫、村長昭義、大谷一弘、小島俊彦の各先生と私が担当することになりました。特に学校の夏休み中に研究日程を組み、1週間近く私の家で合宿をして猛暑の中がんばっていただきました。食事や風呂など生活全般については家内や息子たちが総力で当たってくれ無事終了できました。その結果を平成4年（1992）と翌5年に報告書として教育委員会に提出しました。なおこの報告書は、急いだことと予算不足で十分な内容になっていなかったこともあって、平成5年に追加予算100万円を付けてもらい、正式の報告書を提出しました。一件落着で天然記念物指定は間近かと思ったのですが、湿原内には個人所有地もあり、周辺山地も水源地としての保証が必要であるため地主の承諾が必要となり、了承を得るのに時間がかかりました。これらの地主との交渉は山東町教育委員会事務局の桂田峰雄さんに労を取っていただき、無事諸条件をクリアしていただいたことは感謝の極みでありました。

ここで申請書類が揃ったので改めて町長に天然記念物認可のお願いに行ったところ

ろ、びっくりするようなことを告げられました。「天然記念物の件は教育委員会の所轄事項ですから教育委員長のあなたが認可されることですよ」と。国なら文部省、県や市町村なら教育委員会が認可を行っているのです。目が醒めるような気持ちになり、山東町教育委員会で天然記念物指定を議決してもらって、町長と町議会に承認を受けることになりました。しかし、ちょうど坂田郡4町が合併して米原市になる頃で、事務的に大変手間がかかりました。合併は平成17年（2005）10月1日でしたから、その直後に天然記念物指定となりました。山東町へ申請したのですが、より広域の米原市指定天然記念物となったことは幸いでありました。

7　奇跡と思われる湿原2万年のつながり

山室湿原は、2万年もの長い間、自然や人につないでつないで守られ、奇跡とも思われる不思議な道をたどって現在の姿になり、貴重な湿原につながったのです。その2万年前から湿地形成の歴史が始まったということは、大阪市立大学教授の辻誠一郎先生が花粉分析で明らかにしてくださいました。2万年間も自然が主として守りつないでくれたのでありました。

東海道新幹線は二つ南の谷を通って米原駅へつながれたので、奇跡的に湿原の谷「みつくり谷」は残りました。また、みつくり谷の北と南の谷はその歴史の過程で改変され水田になってしまいましたが、みつくり谷だけは湿原として残り、しかも字山室の惣地として残っていたのでした。考えてみれば、一歩間違えると姿を消してしまうところでありました。偶然とは思えない自然の力、神仏の力が働いたような不思議なつながりが残してくれた湿地なのです。

これからは天然記念物として意識的に条例に守られて保全されることでしょう。しかし油断は禁物で、人間はいつ多数決という民主的な手段で改変してしまうかも分かりません。今まで述べましたように、多くの地域の人々や研究者の努力を背景に守りつながれてきたのです。

特にこれからは、地球温暖化による気候変動が大きく、湿原の遷移が速度を増すのではないかと危惧されます。樹木の繁茂、低木の増加、水源の枯渇、獣類の増加

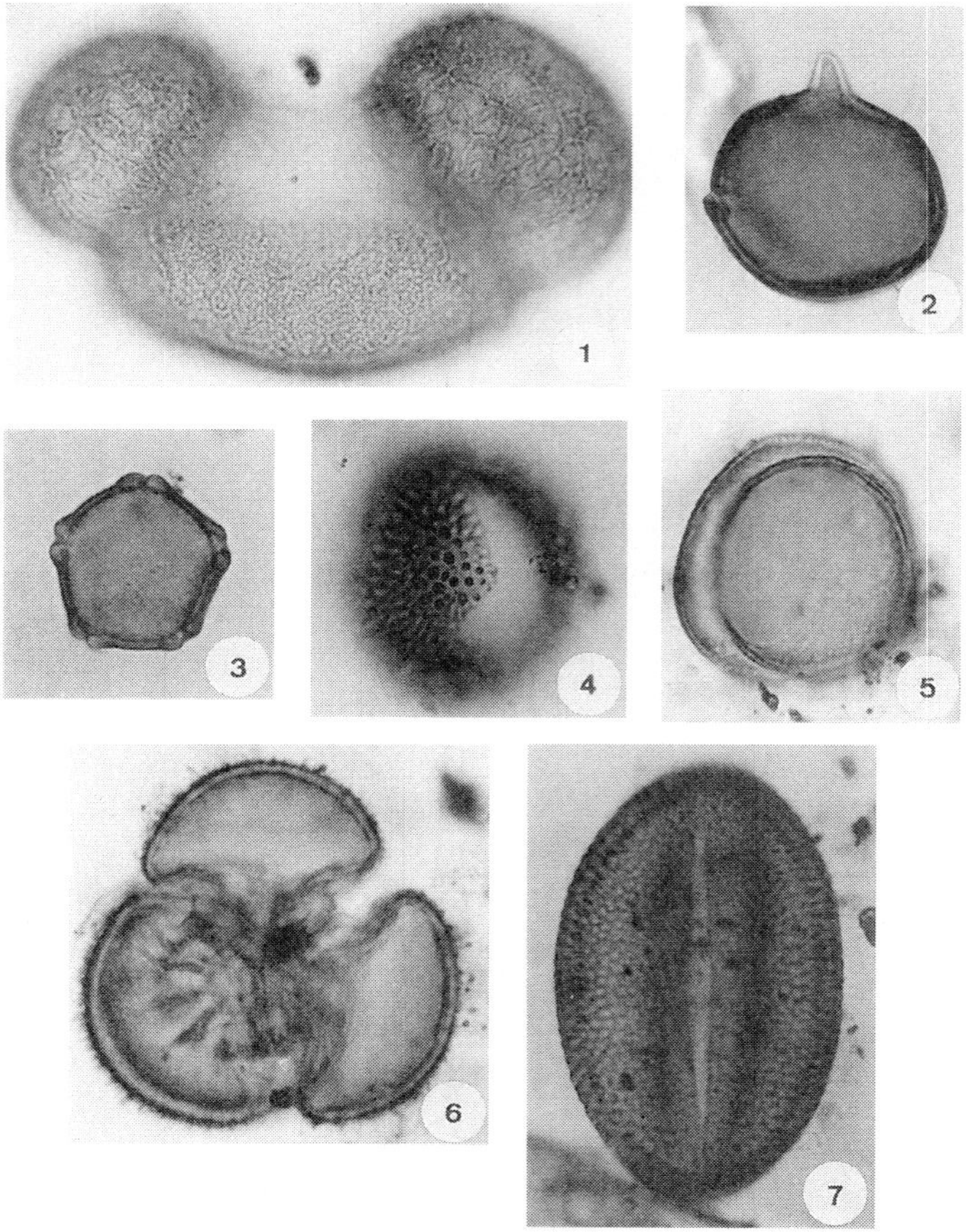

1．マツ属複維管束亜属，試料6.　2．スギ属，試料6.　3．ハンノキ属，試料6.
4．モチノキ属，試料 6.　5．スイレン属，試料 10A.
6．モウセンゴケ属，試料 10B.　7．ソバ属，試料 10A.

山室湿原第５湿原区地点 YM-1 から産出した主要な花粉化石
（「山室湿原の研究」1995 年３月、山東町教育委員会より）

による食害など、心配されることが次々と負荷になってきています。

この時、長浜市西浅井町にある「山門《やまかど》湿原の森」の保全例はよきアドバイスを山室湿原に与えてくれるでしょう。山門湿原の例を見ますと、観察舎の建設、学習用ミニ湿原の造成、湿原および周辺山麓の稀少植物の育成と植栽、それに毎年発行される研究紀要があります。藤本秀弘さんのような湿原の専門家が常駐され指導されている姿こそ、つなぐ大きな力になっていることを山室湿原も見習っていかなければなりません。山室湿原が今後2万年の歴史を背負って、諸種の課題解決をしながら、つながっていくことを祈念してこの章を終わります。

山室湿原調査研究及び関連事業年表

和暦	西暦	事項	主催者
約２万年前		山室湿原が成立する。平成３年～５年（１９９１～９３）山室湿原学術調査団の大阪市立大学辻誠一郎教授の花粉分析により判明した。	山東町
昭和41	１９６６	琵琶湖生物調査団、団長…宮地伝三郎京都大学名誉教授 底生生物部会長…津田松苗奈良女子大学教授（口分田はこの部会に所属）	建設省
〃49	１９７４	山室湿原を守る会結成	山室区
〃55	１９８０	琵琶湖富栄養化の防止に関する条例（石けん条例）	滋賀県
平成２	１９９０	天然記念物候補一覧表に山室湿原と醒井地蔵川ハリヨが明示	滋賀県
３～５	１９９１～９３	山室湿原学術調査団結成 団長…小林圭介滋賀県立大学名誉教授	山東町
〃４	１９９２	平成３年から琵琶湖のヨシ原の野鳥生息調査、団長…野鳥の会会長口分田政博	滋賀県

平成4	1992	滋賀県琵琶湖のヨシ群落保全に関する条例	滋賀県
		山室湿原学術調査報告書（中間報告）	山東町
		ヨシ群落と野鳥調査第４次報告書（ねぐら）（滋賀県野鳥の会）	滋賀県
〃5	1993	山室湿原学術調査報告書（山室湿原学術調査団）	山東町
		ラムサール条約登録地に琵琶湖指定	環境省
		滋賀県湿地調査委員会（湖北担当…村瀬・口分田）	滋賀県
〃7	1995	山室湿原の研究、代表…小林圭介滋賀県立大学教授、波田善夫岡山理科大学教授、辻誠一郎大阪市立大学教授	山東町
		県溜池調査報告（琵琶湖博物館芦谷学芸員）	滋賀県
〃9	1997	山室湿原を考える会創立、会長…梅津正純	山東町
		第１回山室湿原まつり開催	山東町
〃10	1998	山室湿原木道敷設	山東町
		第２回山室湿原まつり開催	山東町

平成11	1999	木道追加敷設（第3、4、5号湿原）	山東町
		第3回山室湿原まつり開催（以降毎年開催）	山東町
〃13	2001	わがまち山東の自然たんけん第1集山室湿原植物編	山東町
〃15	2003	山東町総合計画未指定文化財調査事業（町内動植物調査）	山東町
〃16	2004	山東町内溜池23ヶ所アオコ発生調査（調査委員…口分田政博）	山東町
〃17	2005	伊吹・山東・近江・米原各町合併して米原市となる	米原市
		米原市指定天然記念物「山室湿原」に指定される	米原市
〃18	2006	第1回ため池里山のにぎわいフォーラムしが基調講演「山東町23溜池の保全について」口分田政博	滋賀県
〃19	2007	山東町生きもの調査報告書（植物、鳥類）、団長…口分田政博。坂田郡4町米原市として合併につきこの報告で終了	米原市

第9章

「環境と健康講座」を創設し、語り部につなぐ

１　青年会が区の自然保護保全を守った長いつながり

私（おじいちゃん）たち志賀谷などの子どもたちは小学校を卒業すると、男子は青年会へ、女子は少女会へ入会しました。毎年新年会の時、各自酒１升と豆腐２丁を持って入会し、30歳まで字《あざ》の諸行事を仕切りました。青年会は字の大きな管理責任を持っていて、字の掟《おきて》を字民に守らせる権力を持っていたのです。

字の年中行事、鎌の口（草刈り）、田しばの口、木の葉の口、枯れ木の口、松茸山の入札、祭りの行事、農休み、農上がり、農止めなど多岐にわたっていました。その中から三つ説明することにします。

①木の葉の口

11月になると山はマツの葉が落ち真っ赤になります。マツの葉はとても油気が多くて、ご飯や汁、風呂などを沸かすよい燃料になりました。そこで日時を決めて字一斉に熊手での木の葉かきが許されるのです。

その前夜、青年会の若衆が「明日は木の葉の口です。鐘が鳴るまで絶対に山に行かないようにしてください。荒い物や青い物（大きい枯木や生きている木）はしないでください」と、100戸ばかりの家々へ触れに回ります。翌朝、みんなは熊手を持って山の入口の白い線が引かれた所に集まり、出発合図のお寺の鐘が鳴り響くと「それーっ」と言って自分の目あての山へ走り込み、息切れしながら木の葉をかき集めはじめるのです。

まったく競争のようで、自分がかき集めた木の葉は小さい山のように盛り上げ、目印の緑の草を置いたりしますが、夕方集めに歩く時、近くの他人の木の葉の塊と間違えたりして小競り合いが起こることもしばしばでありました。木の葉は、各家庭に持ち帰りピラミッド状に積まれ、少しずつ乾かして燃料に使用されたのでした。

青年会の触れに違反したものは、その日の夜、会議所（今の公民館）に呼び出され、みんなの前で謝り、木の葉は没収されてしまいました。

この木の葉の口以後は、自由に山に行って新しく落ちた木の葉かきをしてもよいのです。特に子どもたちは、学校から帰ると、竹籠と熊手を持って山へ木の葉かきに行きました。冬の貴重な焚き物として用いられたのでした。

②農休み

農繁期は、字民が農作業の連続で疲労困憊《こんぱい》に陥るので、青年会が農休みの日を定めて各戸へ触れに回りました。特に干天続きの後に慈雨に恵まれた時などは「雨喜《あま》び」になり、農休みが設定されました。この日は田畑へ一切出られず、家で「ぼた餅」や「五目めし」を作ってゆっくり休みました。

③松茸山の入札

9月10日は字の金昆羅《こんぴら》さんのお祭りで、夜、子どもたちは小さい松明《たいまつ》に火をつけて低い山の上の金昆羅神社にお参りしました。これが終わると松茸山の入札が会議所で行われます。山は青年会が管理を預かっていたので、自分の持ち山でも自由にマツタケは採れませんでした。また、大量にマツタケの出る山は入札で高価ですし、年によって多くマツタケが出る年があったり、日照り続きでさっぱり出ない年などもあったりして、みんなは入札に真剣でした。山主には入札価格の2割ほどがいただけたと思います。

松茸山の違反者もいろいろ出てきて、青年会は難しい管理に四六時中目を光らせたり、走り回ったりしていました。入札金は青年会の数少ない収入源になっていましたし、他の年中行事の経費や自然保護・保全に大いに役立っていたのでした。

2　石油による燃料革命で里山原野の環境は一変します

しかし、昭和30年代になると景気がよくなり、石油が多く外国から輸入されるようになり、家庭燃料として普及しはじめます。その初めは石油コンロで、今までは木炭をおこしてコンロの火として煮炊きに使っていたのですが、マッチ１本で、ぱっと火がつき、しかも高温で簡単便利となりました。枯れ木や木の葉を使用して燃やす「かまど」は大型で、煙が家の中に充満しますので、廃棄され炊事場は大改革されました。

風呂もだんだん進化しました。私の家でもこの50年の間に風呂の様式が5回ほど変わりました。桶風呂（底だけ鉄）、鉄釜風呂（全体鉄製）、左官屋さんの作ってくれた風呂（タイル張り）、全自動で大きい浴槽の風呂（四角いものと長い西洋式のものの２種）

などです。このように熱源はすべて電気、ガス、灯油になり、家の中もきちっと美しく整理されました。

そのため山の自然燃料はまったく利用されなくなり、山に堆積して腐敗し、アベマキやコナラなどの広葉落葉樹、カシやシイなどの広葉常緑樹の栄養になり、これらの樹木が繁茂するようになりました。そしてマツを圧倒しはじめ、枯れたマツは倒木となり、マツノキクイムシが追い打ちをかけてマツは全滅するに至りました。山林は放置され、倒木が累々と山肌をおおい、人も入れなくなりました。

その結果、「山の幸」であったマツタケをはじめとするキノコ類は山から消えてしまい、山はイノシシ、シカ、サルや外来のハクビシンなどの世界となりました。だんだんそれらの獣類が増加し、山だけでは食物が不足となり、夜間、人里に出て来てイネをはじめ野菜、芋、柿などの果物を食べるようになりました。いわゆる食害・獣害です。そこで、山麓には万里の長城もどきの鉄柵が張り巡らされて、人と獣の住む世界が仕切られることになりました。人は山へ、獣は田畑へ出入りができなくなりました。しかし、獣類は鉄製の高さ2ｍほどのメッシュ張りを跳び越えて、夜間、人間の作物を掘り起こしたり、抱きかかえて山に持ち帰ったりするようになり、危険状態になってきました。現在は人と獣類の知恵比べ状態といえるでしょう。

また、私の山の楽しみの一つに、野鳥の鳴き声を聞くことがありました。風呂上がりに外へ出ると、近くの山からフクロウの「ゴロスケホーホー」、ヨタカの「タタタタタ」など、特色のある鳴き声、昼間には春のウグイス「ホーホケキョ」、ヒバリの「ピーチクピーチク」のさえずり、初夏、南国から帰ってきて里山で子育てをするサシバの「キンミーキンミー」の高鳴きもよく聞かれたのですが、最近はまったく聞かれなくなりました。ツバメは私が幼い頃はほとんどの家で巣作りをして雛を育てていましたが、最近では字中で数件になってしまいました。その他、アゲハチョウやシジミチョウ、ミツバチもめっきり少なくなってしまいました。チョウ、トンボ、セミ捕りをしている子もめったに見なくなり、おそらく家の中でテレビを見たりゲームをしたりしているのでしょうか。

3　昔の自然環境保護の語り部養成へ

さて、これまで述べてきたようなことを語りつなげることのできるのは、もう高齢者だけになってしまいました。現在のような荒れた自然環境を昔のような豊かな森や里山、谷津田《やつだ》（谷地にある田んぼ）に戻すには、昔の取り組みを話せる高齢者を一人でも多く増やすことです。高齢者は若い人に遠慮せず「語り部」として活動することが重要だと思いました。戦争、震災、地域の歴史とともに、昔の自然や生活環境の語り部も大切であろうと思ったのでした。今ならば、語り得る人はかなり残っているので、その人たちを集めて、その人たちの健康を養うとともに環境保護保全の語り部となっていただきたく、「環境と健康講座」を立ち上げたのです。

その第1回、第6回、第10回の講座の内容を紹介するため、「鴨と蛍とさぎ草のまち」研究紀要から実施報告と趣旨説明（私による「はじめに」）を一部修正して引用します。

第1回講座年間実施状況　2000（平成12）年度研究紀要　第12集（41ページ）

回	月日	テーマ	場所	備考
1	4月18日	水鳥観察会	湖北野鳥センター	福祉バスで移動
2	5月16日	三島池の環境変化	三島池ビジターセンター	講義と観察
3	5月30日	山室湿原観察会	山室湿原	実地研修・バス
4	6月20日	ホタルと環境（夜間）	三島池ビジターセンター	夜間観察・バス
5	7月18日	ヘイケボタル観察会（夜間）	柏原・大野木の水田	夜間観察・バス
6	8月7日	伊吹山お花畑観察会	伊吹山登山道および山頂	バスで頂上駐車場へ
7	9月19日	三島池周辺の植物観察	三島池ビジターセンター	植物採集標本作り
8	10月17日	びわ湖の水質と環境	びわ湖および多景島	県みずすまし号乗船
9	11月21日	湖西の水鳥観察会	新旭水鳥観察センター	福祉バス
10	12月19日	地球規模の環境問題	三島池ビジターセンター	スライドによる講話

高齢者対象の環境学習が極めて大切であると考え、社会福祉協議会へ呼びかけ、この講座を開設しました。高齢者の方がたが生きてこられた第２次世界大戦の戦前、戦中、戦後の自然環境、生活環境の体験を現在の若い人たちに言い伝えてほしいという願いを込めた講座です。23名の方が応募してくださいまして、ちょうど福祉バスの定員（25名）に近くて楽しい学習ができました。実施内容は表の通りです。各月の第３火曜日が講座指定日となりました。町内の自然にふれたり、伊吹山に登ったり、みずすまし号に乗船して琵琶湖の水質の調査をしたりしました。特に伊吹山頂に登ることは心配していましたが、みなさん元気で登頂され、自分の健康に自信を持っていただけました。また、琵琶湖の多景島《たけしま》上陸も心配していましたが、危ない細い道を景色を満喫しながら登られ、生まれて初めて多景島に上陸された人がほとんどでした。水生生物調査、植物採集、バードウォッチングと、健康と環境の接点を体験していただきました。

第6回講座年間実施状況　2005（平成17）年度研究紀要　第17集（69ページ）

この講座を始めて6年目を迎え、受講者も年々増加し、本年はついに139名になりました。したがって4班に編成し実施しました。各区（字）の参加者は次のとおりです。

1班35名　坂口1名　村居田7名　夫馬1名　小田8名　野一色4名
間田2名　加勢野6名　大鹿1名　井之口5名
各月第2金曜日実施　平均年齢73・8歳

2班35名　長岡5名　天満8名　北方3名　志賀谷7名
本郷6名　堂谷4名　西山2名
各月第3火曜日実施　平均年齢74・3歳

3班35名　市場9名　本市場7名　朝日13名　池下1名　菅江5名
各月第3金曜日実施　平均年齢71・7歳

４班34名　柏原５名　梓４名　河内８名　樋口２名　山室15名
　　　各月第４木曜日実施　平均年齢71・８歳

　総平均年齢は72・９歳で、80歳以上の受講者は17名でありました。みなさん大変元気で、伊吹登山はじめ、高い所にある寺院や神社などへも全員完登され、頂上で昼食を食べ健康の幸せを満喫されました。特に本年は、竹生島へ行った時に、琵琶湖の水、三島池の水、天野川の水、水道水の水質比較を行いました。ＣＯＤのパックテストで行い、みなさんも興味深くよく理解されました。今後も新しい水環境調査の体験を高齢者にもしていただきたいと思っています。

第6回講座年間実施状況　2005（平成17）年度研究紀要　第17集（69ページ）

月	テーマ	訪問先と学習内容
4	能登川のロマンを訪ねて	法堂寺遺跡公園→ハリヨ生息地→安楽寺→大浜神社→水車公園
5	安土の社寺環境めぐり	安土城郭資料館→沙沙貴神社→浄厳院→石寺楽市→教林坊
6	水と文化の源流地伊吹の里を訪ねよう	悉地院→長尾寺→姉川ダム→甲津原ふるさと伝承館→伊吹高原→旬彩の森
7	マキノの夏はカラフル	海津大崎→大崎寺→メタセコイア並木→マキノ高原→海津天神社→長善寺→湖北みずどりステーション
8	伊吹登山と伊吹山お花畑の保全を考えよう	伊吹山ドライブウェイ→西遊歩道コース→伊吹山頂→東遊歩道コース→旬彩の森
9	おいで野洲	道の駅竜王かがみの里→御上神社→錦織寺→兵主大社→鮎家の郷

10	びわ湖の水質と竹生島	奥琵琶湖ドライブイン→飯浦港→竹生島→飯浦港で水質調査ＣＯＤパックテスト→木之本地蔵院
11	母の郷を訪ねて	山津照神社→日撫神社→近江はにわ館→岩屋善光寺→山内一豊千代の像→法秀院の墓→福田寺→母の郷文化センター
12	甲良町の名刹・偉人とせせらぎの里を訪ねよう	勝楽寺→高虎公園→甲良豊後守宗廣記念館→西明寺
1	一豊千代博覧会めぐり	大通寺会場→曳山博物館会場→長浜市歴史博物館会場→豊公園

第10回講座年間実施状況　２００９（平成21）年度研究紀要　第21集　（26ページ）

この講座は２０００（平成12）年度に創設しましたので、今年でちょうど10年目を迎えました。昨年９年目で終了する予定でしたが、参加のみなさんのアンコールが高まりましたので、10年目を開講させていただきました。ありがとうございました。今年から、山東町社会福祉協議会生きがい講座はすべてサークル活動に変わり、参加者の各字への送迎はなくなり、参加者は各自の自家用車で三島荘へ集合することになりました。三島荘を発着地点として9時30分に研修に出発し、午後4時に帰着する日程です。

今年は送迎がなくなりましたので参加者を75名とし、3班編成になりました。各班にリーダーと会計係を決めていただいて事務的な世話をしていただくことになりました。

第1班　西川義雄さん　梅津君代さん　各月第1木か金曜日
第2班　岩崎文松さん　西尾辰之さん　各月第2金か第3金曜日
第3班　藤田甚兵衛さん　広瀬順子さん　各月第4水か金曜日

次に下見や諸交渉につきましては、今までは私と家内が私の車で回っていましたが、今年からはリーダーと私の4名で行いました。これは大変ありがたく、しっかりした下見ができるようになりました。下見の最後に研修日程をレストランで休憩しながらまとめました。なお最初にみなさんの了解を得ましたように下見の費用……車借り上げ代、昼食代、入場拝観料、志納金、手土産代や交通費、資料代などは、私にいただく謝金を使用させていただきました。

最後になりしたが、福祉バスのドライバーの泉秀雄さんをはじめ社協の方々に深く感謝申し上げます。

さて、今年度でこの講座第1期を修了させていただきます。第2期目は講師として梓河内の山本孝雄さん（元教育長、前老人会長）にお願いし、続けていただくことになりました。新しい発想で研修していただくようご期待致します。長い10年間、本当にご協力ご支援いただきましたこと、第二の人生のすばらしい思い出になり、ありがとうございました。

第10回講座年間実施状況　2009（平成21）年度研究紀要　第21集（26ページ）

月	テーマ	訪問先と研修内容
5	彦根市を訪ねよう	パナソニック彦根工場→県立水産試験場（昼食）→大師寺→北野神社→北野寺
6	長浜市を訪ねよう	浅井歴史民俗資料館→安楽寺（昼食）→クリスタルプラザ→長浜消防署→醒井水の宿駅
7	安土町を訪ねよう	伊崎寺（昼食）→浄厳院→沙沙貴神社
8	伊吹山お花畑	伊吹山登山・観察会（自由参加）
9	東近江市を訪ねよう	河辺いきものの森→瓦屋寺→太郎坊宮（昼食）→大凧会館→マーガレットステーション
10	多賀町を訪ねよう	犬上ダム→高源寺（昼食）→真如寺→近江はにわ館→醒井水の宿駅
11	湖北町を訪ねよう	小谷寺→小谷城跡（広場まで）→伊豆神社→琵琶湖水鳥・湿地センター（昼食）→葛籠尾崎湖底遺跡資料館
12	近江八幡市を訪ねよう	村雲御所瑞龍寺→日牟禮八幡宮→市社協ひまわり館（昼食）→長光寺→曳山とイ草の館

1	米原市を訪ねよう	日撫神社→蛭子神社→善光寺→岩脇公民館（昼食）→西円寺→西薬師寺→王子神社
2	日野町を訪ねよう	正明寺→近江日野商人館（昼食）→馬見岡綿向神社→西明禅寺→マーガレットステーション
3	湖南市を訪ねよう	常楽寺→長寿寺→善水寺（湖南三山めぐり）

4　講座の主旨を受け継いで伸び広がる語り部へつなぐ

以上で、他の年度はスペースの都合で省略させていただきましたが、毎年１００名を超える受講希望者、特に男性の多い講座で、社会福祉協議会にも喜んでいただきました。抽選で１００名にしぼり、普通年は４班に分け、環境実習や文化財保護、宗教学習などで学んでいただきました。

この講座は現在（平成30年）で17年目まで「つなぐ」ことができ、受講生もだんだん若い人、いや私から見て年下の人が多くなりました。私の後をつないでいただいた山本孝雄さん、田中万祐さんからも故郷の自然環境や伝統文化を広く学んでいただいたことは有意義で、さらに後続の人たちに伝えていただきたいと思っております。

そんなつなぐ活動が現在あちこちに伸び広がっています。市内の自然・文化だけでなく、広く県内の自然、社寺の歴史・文化の語り部として、ホタルまつりの語り部として、三島池の水鳥保護の語り部として、観光ボランティアガイドとして、遠方から来ていただいた多くのみなさんへのガイドの語り部として生かされたことは、この講座の積み重ねの功績でもありました。講師の山本孝雄さん、田中万祐さんはじめリーダーや会計担当のみなさんに厚くお礼申し上げます。

最後に、この講座も長く受けつながれて、ふるさと米原市だけでなく、ふるさと近江の語り部になっていただき、自然・文化・伝統など、広く伸びていっていただきたいと念願しています。

この講座につきまして、県下各地の観光ボランティアガイド協会、社寺関係のみなさま並びに行政の関係者に多大のご協力ご支援をいただいたことを心から感謝申し上げましてお礼の言葉と致します。

追記

先の章でも書きましたように「環境と健康講座」でも３人目の講師としてスタートしていただきました田中万祐さんが急逝してしまわれました。若い人ですから長くつないでいただけると思っていましたので、本当に残念で発する言葉もありません。しかし、４人目の講師として北村哲雄さんがつないでくださることになりました。リーダーの方々も依頼していただき、18年目が平成30年（２０１８）５月より続講していただけることになり、感謝申し上げます。

近江商人屋敷めぐり（2006.11.10）

伊吹山頂（2007.8）

小谷城跡（2009.11.26）

第10章

座右の銘「自然に学ぶ」をつないで22世紀へ

1　病院生活はみんなにつながれて生かされている

まったく私的な話になるのですが、老人は絶えず病気がつきまとい、毎日病気との挑戦で明け暮れます。今まで病気らしい病気もせず、入院なんて他人の事と思って生き続け、若い時は想像もしなかった長寿・八十路の人生を歩み始めた時、市の集団検診で「要精密検査」の通知をいただきました。

それまでは「今のところ異常ありません」の診断をいただいて足軽く家に帰っていました。しかし、平成22年（2010）、82歳の検診でいつもの長浜赤十字病院へ行き、「要精検」で内視鏡検査を受けました。大腸検査は大量2ℓの下剤を何回にも分けて飲み、大腸内の掃除を完全にしてから内視鏡を肛門からじわりじわりと挿入されたのです。大腸の曲がり角を通過する時は奥底深いじーんと気持ち悪い痛さが感じられ、呼吸を止めて我慢しなければなりませんでした。10分余りの挿入で「終わりました、お疲れさまでした」の先生の声に、「やれやれです。ありがとうございました」とベッドから下りて服装を整えていつものように説明を聞こうと思いました。ところが、「結果は後日、主治医の先生に聞いてください」とのこと。良くない予感がして帰りの車のハンドルさばきに危険さえ感じました。

後日、結果を恐る恐る聞きに行きますと、「大腸にポリープが出来ています。手術が必要ですので入院してください」。青天の霹靂で顔色を変えました。

「さて！　どうする？」まったく経験のない入院、そして手術か。家から入院したり世話したりするための車の便もないし、長浜までかなり距離もあるし「思い切って息子のいる野洲まで行って、そこから便利な滋賀医科大学附属病院に入院して手術してもらおう」と決めました。長浜赤十字病院の駒井康伸先生の紹介状をいただいて滋賀医大附属病院へ行きました。滋賀医大は息子が大学院を出ているので知り合いも多く、消化器内科の斉藤康晴先生にコンタクトを取ってくれました。斉藤先生からは「95％の成功率でポリープは切除できます」とうれしい返事をいただき、数日後、連絡があって入院、そして全身麻酔で切除完了しました。

「ついでに胃の方も検査しておきます」とのことで、検査してもらったら「胃がん初期」。すぐさま再入院となり、内視鏡によるポリープ切除手術となりました。「1

回で全部取れなかったので2回目を行います」とのことで、再手術してもらった結果、「内視鏡手術では完全に切除することが難しいので、消化器外科で手術してもらってください」と、消化器外科の山本寛先生の手に委ねられることになりました。

平成23年（2011）8月末日、胃半分の摘出手術を受けました。私は、麻酔中でまったく何も知らなかったのですが、家内や息子たちは切除された胃を見せてもらったようでした。手術した夜は麻酔が醒めていくにつれて苦しいし痛いし、一晩中一人でひざまずいて泣いていました。翌朝から運動のため、いろいろなチューブを装着した手押し車を押して、看護師さんや家内の付き添いで病院の長い廊下を何回も歩きました。10日ほどでいろいろな装置やチューブが外され、シャワーにも行けるようになりました。「2週間で退院ですよ」との先生の声が命令のように心に突きささり、「もう少し入院させておいてください」と懇願しましたがＯＫは出ず、次の土日だけは滞在を許され、息子の野洲市内の家でしばらく静養することにしました。

それから5年間、3ヶ月ごとに通院した結果、山本先生は「もう大丈夫ですよ、私も草津総合病院へ変わります。そこで、①地元の長浜赤十字病院へ変わられるか、②草津総合病院の私の所へ来てくださるか、③引き続き滋賀医大で別の先生に診ていただかれるか、選んでください」と言われました。はじめ滋賀医大附属病院へ変わる時の紹介状を書いてくださった長浜赤十字病院の駒井先生のお世話になることに決め、今度は逆に滋賀医大附属病院5年間の診察資料と紹介状を持って長浜赤十字病院へ行く道をつないでいただきました。

他方、7年間ほど長浜市民病院の整形外科、ケアセンターいぶきの訪問介護をも受けながら、脊柱《せきちゅう》骨折、脊柱すべり症、脊柱管狭窄《きょうさく》症のリハビリも継続して受けることになり、身体障害者4級の認定をいただきました。

80歳まで病気を知らなかった私は満身創痍《そうい》となり、多くの人々の支援で「生かされている」実感と「一日一日を大切に生きる」ことが寝ても醒めても頭から離れないようになりました。病気が私に気づかせてくれました。

「ありがとう病気たち!!」

2　病院の窓から「自然に学ぶ」をつなぐ

だいぶん道寄りをしてしまいましたが、80歳台をつなぐ坂道で私に一番大きなインパクトを与えたのは病気でした。多くの同級生や前後の友だちが枕を並べて他界していったのもこの時期でした。さてここで自分を立ち直らせるにはどうしたらよいのか。病院の窓から「自然に学ぶ」を呼びよせて、新しい希望と挑戦姿勢をしっかり堅持することが大切だと考え、実行に移すことにしました。

滋賀医科大学附属病院の病窓から大学のフィールドを眺めていますと、病院関係の人々が、車や自転車で、そして歩いて元気溌剌《はつらつ》と出入りされます。グラウンドではテニスやサッカーの練習が早秋の日光のもと喜々として展開されています。医大は森に囲まれた中にあって、野鳥が飛び交い、朝夕にウォーキングやジョギングをする人たちも多く見られ、うらやましく、ときどきその窓外を眺めながら病院の廊下を歩行したり、ジョギングをしたりして、「自然に学ぶ」を誘発させられました。「早く森の空気が吸いたい、野鳥のさえずりが聞きたい」と焦りはじめました。

　手術後1週間たった頃に「外出して医大キャンパスを1周（約2㎞）したいのですが、許可いただけませんか」と山本先生に尋ねると「NO！」でありました。自分自身ですら体力に自信が持てないのに、キャンパスを歩いて「自然に学びたい」と強く思ったからでした。退院間近になって「家族の人と一緒なら、病院のパジャマではなく普通の服装で気をつけてウォーキングしてください」との許可をもらって、一人で医大外周を杖を持ってトコトコとゆっくり歩きました。9月中旬の空は青く、吹く風もさわやか。森からシジュウカラ、エナガ、コゲラそしてウグイスの「チャッチャッチャ」の声も聞こえて、ときどき立ち止まってフェンスの中の茂みを覗き込みました。若い医学生の溌剌とした夏姿に刺激され、分かっているのに「医大病院入口まではもうどれくらいありますか」などと尋ねたりもしていました。「やっぱり自然はいいなあ！　元気も生きる力も考える楽しさも与えてくれる。自然こそ最高のお医者様だ」と合点しながら2㎞の外周を歩き切り、病院のフロアに戻り一服しました。

3　大東中学校校訓「自然に学ぶ」に決まったつなぎ道

私の一生は、今まで話し続けてきたように野鳥、川虫、ホタル、湿原のこと、その他紙面の都合で話せなかった山登り、札所巡り、水すまし事業、滋賀県野鳥の会、滋賀県自然環境研究会、滋賀文教短大での環境実習などまだまだあるのですが、ほとんどが自然とのふれあいばかりです。

昭和51年（1976）9月、「大東中学校創立30周年事業」として永久に残る自然石の記念碑を建立することが同窓会で決まり、大垣の石材店から青味がかった伊予石の大岩が運び込まれました。そのまま校門に据えては将来何の石か分からなくなってしまうので「大東中学校の伝統を表す一語を刻んではどうか」ということになり、その一語を同窓生から募集することになりました。その結果、多くの名言が集まり、ある一夜、実行委員会が開かれ選定が行われました。その結果「自然に学ぶ」が満場一致で選ばれ、千葉喜八郎同窓会長が「この30年、我が大東中学校は学校植林、科学部の野鳥保護、三島池周辺を利用したスポーツ、郷土の開発に寄与する道徳教育など、すべてこの一語に集約できる。この一語を大岩に刻もう」と宣言されました。私は、この大東中学校の歴史を物語る名言が自ずと同窓会から出てきたことは、この30年、大東中学校教育が自然に深く根づいた結果だと思い、涙が出るほど感激し、夜も眠れないほどでした。

「では、『自然に学ぶ』の揮毫《きごう》を誰に依頼すべきか」と話が進み、政治家、書家、作家の名が次々に挙がっては消えていき、ぴったりの人物は難しいようでした。「かもクラブの一員となって歌う」の詩を作ってくださったサトウハチローさんはもういないし？　というつぶやきも出ました。

最後まで意見を出さずに堪えていた私は、

「日本野鳥の会会長の中西悟堂さんはどうでしょうか。日本野鳥の会の創設者で会長、文化功労者、作家、宮中の歌会始めの標題が野鳥のときの召人《めしうど》、書家でもあり画家でもあり、三島池へは再三来ていただいているし、日本野鳥の会会誌『野鳥』に『マガモ自然繁殖南限地発見』の論文を2回掲載していただいたし……。誰よりも自然を愛した人で、山があれば山に登り、口笛で野鳥と話したり、滝があればその場で滝に打たれ、冷水の池があれば速刻飛び込み、家の中では野鳥とともに暮らし、ベッドの中へ潜り込む野鳥もいたといいます。朝はガラスをたたいて野鳥が悟堂さんを起こしに来ると……ご著書の『定本　野鳥記』に書いてあります。自然を愛するくらいではなく悟堂さんが自然そのものの存在でした。中西悟堂さんはどうでしょうか」

会長の千葉さんが間髪を入れず、

「この人こそ大東中学校にぴったりや！　この悟堂さんに決めようではないか！教頭先生(私)に頼んでもらおう」

と大声で叫ばれました。会議の席が一瞬静まり返り、満場拍手喝采となり承認されました。

4　中西悟堂さんと永久につなぐ「自然に学ぶ」碑

中西悟堂さんはもう80余歳でありましたので心配しましたが、まず電話でお願いしました。「目の水晶体の手術をしたところなので、横書きの字は書きづらく、最近は断っている。だがこの件は引き受けよう」と例の大声でお答えいただき、受話器を持ったまま万歳!!!三唱しました。その後、横浜市の山手のご自宅、キリン公園の近くへお願いにまいりましたところ、「その日は眼科病院に行くので裏口は施錠しておかんので入って待っていてください」とのことで、裏口から言われたように無断で入って待たせていただきました。数時間後、奥さんに付き添われて帰宅され、1時間ほど話させていただきました。

眼の病気のこと、あちこちの鳥の話、歌会始めの召人の出席のことなど……。

特に一度お聞きしたいと長く思っていたことを思い切って尋ねてみました。

「野鳥保護の方法で、東の中西悟堂さんは巣箱を架けることをすすめられ、西の川村多実二先生は実の成る木の植栽が効果的だと論争されたと聞いていますが本当でしょうか?」

急に大笑いされて「ちょっと言い合っただけですよ」と軽く流されてしまいました。現在、野鳥を増やすためにこの二つの方法が取り入れられ広く普及しています。

「後で『自然に学ぶ』と書けたら取りに来るように連絡するから来てください」との返事をいただいて、晴れ晴れした気持ちになって新横浜発の新幹線に身を委ねて帰りました。夕方の富士山の美しく見える日でありました。

後日連絡があり、再び山手のご自宅へ伺いましたら、「自然に学ぶ　為大東中学校　中西悟堂」と為書きも併記された3枚が机上に置かれてあって、「3枚の中で君がよいと思うものに落款《らっかん》を押して持ち帰ってください」と言われて1枚をいただき、貴重品入れに二重に封をして、列車の中に置き忘れないように手下げに手を通して帰校しました。

悟堂さんのおそらく最後の横書きの揮毫が今も大東中学校玄関に校訓として静かに無言の教えを大東中学校につなぎ続けています。

すぐさま加勢野の卒業生中川好一さん（故人）に大岩に刻んでもらい、校門脇に据えつけ、毎日登下校する生徒たちはじめ職員・来客に「自然に学ぶ」を語り続けています。

後で『定本　野鳥記』第14巻『恩顧の人々』（春秋社、1986年）355ページに

中西悟堂さんによる「自然に学ぶ」

大東中学校創立 30 周年記念碑

次のように記してあるのを発見しました。

自然に学ぶ碑「自然に学ぶ」の五字大書
昭和五十一年　滋賀県山東町三島池畔　大東中学校口分田政博氏発起

5 「自然に学ぶ」を未来に深めるためにつなぐ

第1章から話してきたことは「自然に学ぶ」ということに全部束ねられます。①自然、②小さい命、③ミニヒストリー、④三島池、⑤川虫、⑥野鳥、⑦ホタル、⑧山室湿原、⑨環境と健康講座、⑩自然に学ぶ。

その中で、お話ししてきた中西悟堂さんや川村多実二先生はもう「自然に学ぶ」の神様で、自分自身が自然になってしまわれているのです。ご自身が野鳥になってしまわれて、ともにさえずったり遊んだり、餌を口移しで一緒に食べたりして、野生の声と通訳なしでコミュニケーションを取られたりしておられたのです。私たちはこのように自然になってしまわれた人のお話を拝聴することによって「自然に学ぶ」道をつなげてもらっているのです。

食べ物はすべて自然からいただいた物で命をつないでいるし、住居や着物も自然の恵みの産物です。空気や水だって然りで、私たちの身体髪膚《はっぷ》はすべて自然の賜物なのです。だから誰でもいつでもどこでも自然から学ぶことができるのです。

しかし、そう簡単に自然の中に浸ることができないのは、本来の自然性の外側にいろいろな欲望やエゴ、悩み、誘惑をかぶっているからです。悟堂さんや川村先生はそのかぶっているものを一枚ずつ脱いで自然になってしまわれたのでしょう。だから自然対自然で直接学ぶことができるのでしょう。仏教に「自然《じねん》」という仏語があります。私は十分悟ることはできないのですが、人がすべての汚れを除き去って最後に残るものが自然であると解かれているように思います。そうなると前に述べました「自然《しぜん》」と相通じるもので、現代の科学や仏教神道が一つのものであると思うのです。

そこで、私は私の家の住職さんに死後の法名を「自然院釈○信」としてほしいと頼んでいます。宗教は信じることがなければ行き着けないと思いますので「信」の一文字は入れて、〇の一字は住職さんにお任せしますと申し上げているのです。

もっと具体的に「自然に学ぶ」を話してみましょう。

小松左京さんは「21世紀大予言100年後の世界…地球はひとつの『村』になる」(「This is読売」1998年1月号)の中で「今や数千万種を超すと思われる地球上の多様な生物に対する尊敬の念を込めた『共生』こそ自然に学ぶことであろう」と述べておられます。

ノーベル賞受賞者の多くの人は「自然に学び人生豊かに、特に幼少年時代の野山での遊びがその根源である」と述べておられます。

もっと具体的な話として、新幹線の500系の設計に携われた仲津英治さんは「自然に学ぶ　―野鳥の飛翔と鉄道―」(日本野鳥の会会誌「野鳥」1997年9・10月号〈604号〉)の中で「フクロウの羽毛、カワセミの嘴《くちばし》を参考にした」と言っておられ、「一木一草、一鳥一魚、皆我々の輝ける永遠の教師であろう」と結んでおられます。

また私が尊敬する郷土出身装道の創設者山中典士《のりお》さん(故人)も「日本人の着物は先

人の知慧がいっぱいつまっている。模様に自然の絵が多い、日本人の自然との調和した生き方を証明している」という旨のことをおっしゃっています。

日本人は古来農耕民族として受け継がれ、自然を神として尊び、山、川、大木、巨岩を崇め、しめ縄を張り、神酒を注ぎ、塩や洗米を供えて、農業、漁業の豊穣を祈り、人の健康と安全を祈ってきました。これは「自然に学ぶ」心の表れであると思います。私たちはこの心を永久に引き継ぎながら、自然への謙虚さと尊敬の念を持ってつないでいかなければなりません。

この章は全体を統合する締め括りとして大切なのですが、十分な探究ができませんでした。常識的な羅列になっていますが、各章の私の活動そのものが「自然に学ぶ」ことでありましたので、お読みいただいて私の言わんとしているところを受け取っていただきたく思います。「つないだ坂道越えれば向こうは日本晴れ」を繰り返し述べさせていただき、ここでこの章をつなぐことで終わりにします。

第11章

平和な時代に生きられた幸せを子孫につなげたい

1　履歴書から海軍兵学校の入退学をやむなく抹消

原爆、終戦、帰郷、そして農業……、私（おじいちゃん）は父母・姉たち義兄たちの包囲陣から逃げられず、大津にあった滋賀師範学校（現在の滋賀大学教育学部）に編入学願書を提出し、編入学試験を受けました。会場に行ってみると70～80人が受験に来ていたので、合格するとは思ってもいませんでした。しかし、計らずも合格の通知が届いたので編入学式に行ってみると、陸軍士官学校から来た今津中学校出身の大江四郎君と海軍兵学校から参加した彦根中学校出身の私と二人だけでした。

修業證書

滋賀縣

口分田政博

海軍兵學校　第壹学年生徒教程ヲ修業ス

昭和二十年十月一日

海軍兵學校長海軍中将正四位勲一等　栗田健男　印

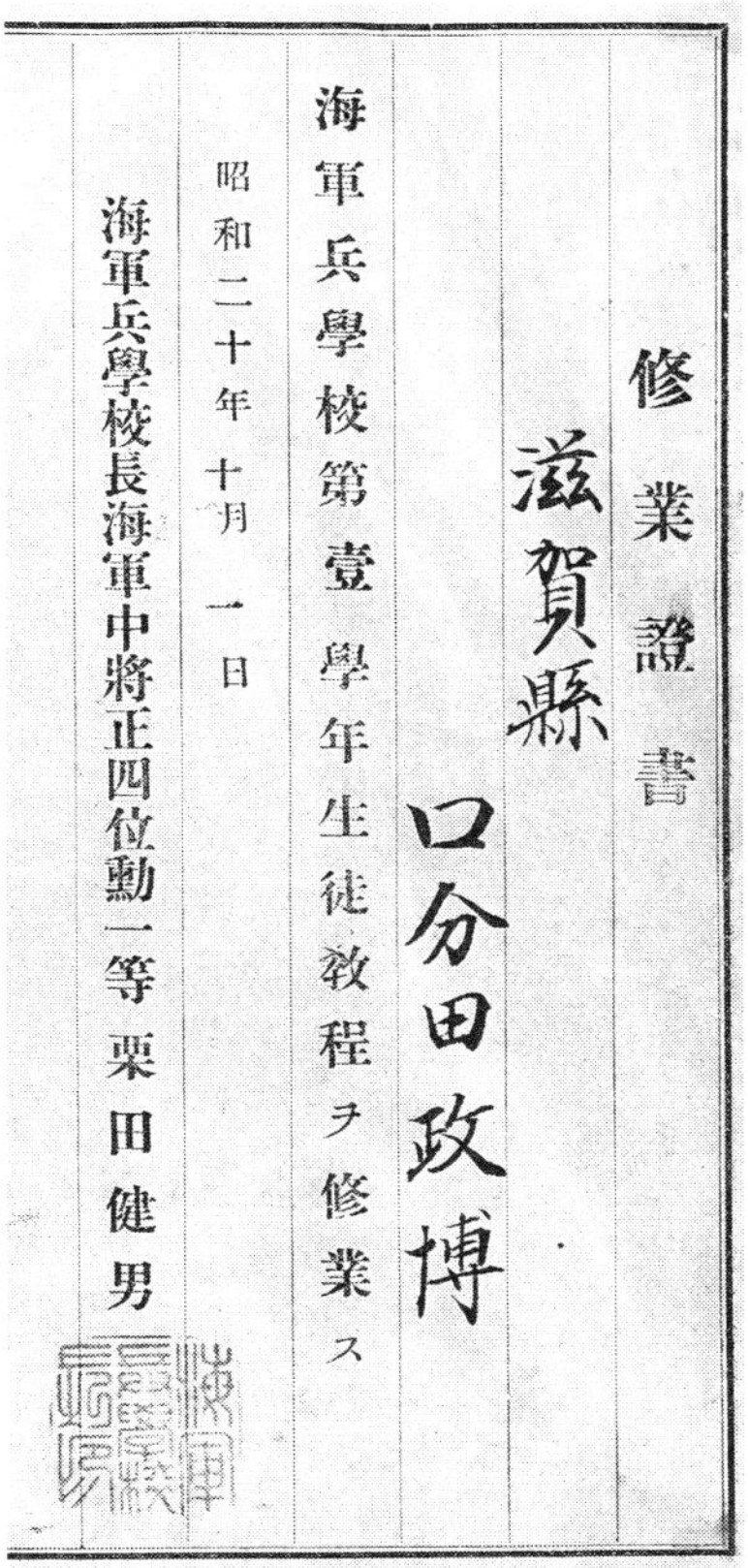
修業證書

滋賀縣　口分田政博

海軍兵學校第壹學年生徒教程ヲ修業ス

昭和二十年十月一日

海軍兵學校長海軍中将正四位勳一等　栗田健男

この証書を願書に添付して提出したところ、師範学校第二学年合格という通知を受け取りました。これでは第一学年を飛び級することになるので「第一学年に編入させてください」と願い出て、改めて第一学年編入の通知をいただきました。

付け加えておきますが、日本海軍は一貫して米国との戦争に反対し、特に海軍兵学校の校長を務めた井上成美《しげよし》大将は戦争反対と外国との交流推進を唱えた人でありました。そのため日本陸軍とは反対に、海軍大臣はじめ多くの幹部は後の戦争裁判で戦犯になる人はほとんどなかったのです。

さて、まったく後の話ですが、私が学生時代、ゼミ生でも何でもないのに尊敬していた三輪健司教授（倫理学、のち滋賀大学長）に、晩年、先生のご自宅に訪問させていただき、滋賀県野鳥の会会誌「かいつぶり」の巻頭言をお願いに上がった時、次のようなことを教えていただきました。

私が師範学校を卒業する昭和23年（1948）3月、米国進駐軍の教育担当者（マートン氏）から、私について「この人は海軍兵学校出身だから教員には不適格で、教職適格審査証は出せない」と厳しく言われたそうで、陸軍士官学校出身の大江君も然りであったとのこと。三輪先生がマートン氏に再三説明に上がり、ようやく最後の最後に適格審査証を出してもらったとお聞きしました。このようなことは、この時初めて知りました。万一、適格審査証がいただけなかったら、教職には就けず、今頃どうしているだろうかと思いました。その時、私はもう48歳で大東中学校の教頭をしており、冷や汗を覚えたことでした。それ以降、私は履歴書から海軍兵学校の文字を消してしまいました。三輪先生や井上校長、栗田校長の思いに報いるべく、一生懸命、平和教育に励んだことは言うまでもありません。

2　平和は家庭から始まりつながり広がっていく

私が最後にどうしてもみなさんにつないでいってほしいのは「平和な世の中」のことです。今まで述べてきた各所での挑戦はほとんど戦後の安定した平和な時代の出来事です。戦前・戦中・戦後を生き抜いてきた私にとって、いかに平和な時代がすばらしく明るいか、みなさんに知ってほしいのです。

「平和とは衣食足りることである」という格言が古典に出ています。戦後70年生きて今90歳、その間、衣食がまったく不足して困窮した期間が10年余りありました。成長盛りの時代と重なって野菜は根茎葉すべて食べ、山野に出て食べられるものを採集し、親は子に食べさせるために自分は節食し、一日中空腹に堪えて生活していました。「腹いっぱい食べたい」「銀飯《ぎんめし》を食べたい」が当時の願いでした。食べ物がなく弁当を持って来られない子どももいて、弁当の時間は外に出て水だけを飲んですませている子どももあったほどでした。古典の「衣食足りて礼節を知る」を身体をもって体験しました。家族一丸となって食を得るためにがんばったのでした。平和の基は食であると思いました。家族の絆は食によって強くつながっていくのです。23ページで述べたように教育勅語の中に「父母に孝に兄弟《けいてい》に友《ゆう》に夫婦相和《あいわ》し……」とあり、家庭内の平和にこそ、ここに食料の充実があるのだと思います。

現在は、衣食はあり余るほどあって何一つ不足はないのですが、家族同士がいがみ合ったり衝突したり、時によると親子で殺し合ったりしているのです。そんな危期にはお互いに平静に立ち帰り、人生の先輩である親の意見や兄弟姉妹の立場の考えを聞き、お互いが妥協し、納得することが大切であると思います。「あの時、あの親の意見を聞き入れておけばよかった、納得してくれるよう話せばよかった」と、長い人生の間には何回も繰り返し思うことは誰でもあるのです。それでこそ家庭の平和は保たれるのです。

進学、就職、結婚に、また、悩み、失敗、病気、いじめ、けんか、暴力などに落ち込んだり、ひどいストレスに追い込まれたり、挙げ句の果てに「命を絶つこと」さえ考えることがあるのです。しかし、先にも述べたように、命というかけがえのない、一度捨てたらもう絶対戻ってこない至上の宝を受け継いだからには、何としてでもそのつなぎの責任を全うすべきです。ほとんどの人はその苦悩を克服して、平和、やすらぎ、成就感をつなぎ味わうのです。このような危機一髪の時は、「親の一言」「師のアドバイス」「友人の情け」「神仏の信言」「書物の一句」などが起死回生のきっかけになるのです。自分の本心を打ち明けて、それらの人などに相談するのがよいと思います。「念ずれば花開く」と仏教詩人の坂本真民《しんみん》さんは唱えていますが、私も壁に突き当たった時いつも「念ずれば花開く」と声を出して念じています。

先日、もう70歳を迎えた人が一冊の本を返しに年末私の所へやってこられました。その人の結婚問題は今でもよく覚えていますが、一冊の本を手渡して読むように薦めたことがあったのです。「この本が私の一生の幸せを教えてくれまして、現在も読み返しています。古稀を迎えてもう大丈夫ですので返しに来ました」とのことでした。

3　3世代4世代の平和な絆をつなぐために

現在、3世代4世代同居は珍しくなってしまい、相談相手に祖父母が入ることはほとんどなくなってしまいました。そこで私の家では、お正月、お盆、そして鎮守の森のお祭りの時など、年間2、3回、家族一同が集まることにしています。15人以上の家族が集まって、賑やかに雑談したり、遊んだり、会食を楽しんだりしています。おばあちゃんが米寿になってもリーダーです。特に正月には全員の写真を撮って、四つ切りに伸ばしてA3の額に入れ、各家庭に贈ります。朝夕その写真に向かって挨拶を交わして、日々改めて絆を強め、お互いの心をつなぐようにしています。

このようなA3の額がもう30余り隠居の框《かまち》にずらりと並び、孫たちの生まれた頃から曽孫《ひまご》までの成長の歩みがよく分かり、家族が集まった時の話題、思い出がつながり、わいわい楽しんでいます。

4　家族からコミュニティへ平和を広めつないでいこう

平和な家庭が集まって平和な町や村が育ちます。平和な家庭は互いに助け合える絆をいつでも伸ばしています。現在の社会はいろいろ助け合える組織、例えば民生児童委員会、社会福祉委員会、障害者支援団体などがあって、公的にも助けていただける組織が充実しています。そこへ苦悩を持ち込めば、支援、介護、相談がしていただけるようになっています。困っている者は自己一人だけで閉じ籠ってしまわないで、それらの組織に思い切って連絡したり発言したりお願いしたり申請書を出したりすることによって、初めて社会的絆に取りつけるのです。一般にこの絆へのつながりができなくて、悲劇が生じている場合が多いのです。

現在、私はおばあちゃんと二人だけの高齢者家族です。雪が多く降れば、区長さんはじめ隣家の人々に出入口の除雪を手伝っていただけますし、大雨で洪水の恐れがある時は避難の声をかけていただいていますし、民生児童委員の人からも声をかけていただいています。買い物は、スーパーのサポートセンター組織に入っていますから、ファックスで注文するとすぐ間に合わせていただけます。病気のことなどは市役所の福祉課のケアマネージャーが相談に乗ってくれています。そしてリハビリや病気に適しているデイサービスセンターや病院などを紹介していただいていま す。こんなふうに平和なコミュニティには支援の輪がつながっていますので、一人で困っていないで手を挙げて助けをお願いすれば、安らぎのコミュニティで生活できるのです。

戦中戦後を今思うと、私たちの父母はこのような安らぎの手だてがほとんどない中で私たちを育ててくれたのです。当時の父母の苦労に心から深く感謝しなければならないと常日頃思いを巡らせています。

5　もっと広い世界へ平和の絆をつなげていこう

このような広い世界のことは私が主張するカテゴリー（範疇《はんちゅう》）ではないのですが、今の世界を見ていると悲しくなり言いたくなります。

日本の戦国時代に生きていた人たちは「平和とは命をつなげることだ」と心の中で願っていたに違いありません。滋賀県（近江国）内でも昔は多くの領地（藩）に分かれて互いに戦《いくさ》をしていました。その度ごとに多くの人が命を落とし、その血で川の水が赤くなったとも、屍《しかばね》が戦場に累々と重なったとも歴史は伝えています。江戸時代になって日本国内が統一され戦争がなくなり、国内にようやく平和が訪れました。しかし今度は外国と対立するようになり、日清戦争、日露戦争、第一次世界大戦、そして第二次世界大戦と続きます。しかもだんだん武器が発達し、死者の数は飛躍的に多くなり、ついに原爆や空爆により一度に何十万という命が地球上から失われるようになってしまいました。みな平和を願いながら、現実にはまったく逆の方向に進んでいったのです。どうしてそんなことになるのでしょうか。私は戦後70年間、日本にとって長期間戦争のない時代を生きさせていただきました。最近の日本の歴史で70年も戦争がなかった時代は本当になかったのです。これは日本国憲法が戦争放棄を宣言したこともありますが、日本国民が「もう戦争はしてはいかん」と強く感じたことによるのだと思います。現在でも広く世界を凝視してみると各所で戦火が生じています。戦術も巧妙になり、最後の兵器である原爆や水爆がどんどん製造され、世界中に拡散しつつあります。次に本格的な大戦争になったら人類は滅亡してしまうことは明らかです。「どうしたらよいのでしょうか」

6　平和をつなぐためには多様な考えができる人を育てること

今までの国内国外の戦は「わが藩こそ、我が日本こそが正義であり他藩他国が悪い」と指導者に煽られ教育されてきたことに起因するように思われます。教育勅語の中にも「一端緩急アレバ義勇公ニ奉シ……」の文言で示されているように、私たちの子どもの時代の軍国主義教育の根本精神であり命令でもありました。

現在でも多くの国が争っているのも、自国正義論の下に国民を煽り教育している結果だと思われます。また正義は、自由主義、民主主義、社会主義、共産主義などによっても異なりますし、宗教によっても大きな差異があり、対立の原因にもなっているのです。これらの違いを統一することはとても困難なことと思われます。私たちは、できるだけ他国のこと、他主義のこと、他宗教の内容に理解を持ち生活していける多様性を持ち合わせることが必要であると思います。一党一派に偏することなく十分議論して妥協していける人格を形成しなければならないと思います。義務教育の段階こそ多様性を養う教育の場です。義務教育など初等教育の教育者こそ、その重要な責任者と言わなければならないと思うのです。「一旦緩急アレバ義勇公に奉シ……」でなく、「落ち着いて議論し、平和の方策を見つけ出すこと」が大切であると思うのです。

古来、日本は多宗教の国で、一つの家族を見ても、主たる仏教を中心に氏神様も崇め、祭事を持ち、クリスマスをはじめキリスト教のイベントも盛んに行っていますし、地方的な諸宗教の普及もあります。大木・巨岩・巨滝などを自然神として祀ってもいます。しかし、明治維新後、廃仏毀釈《はいぶつきしゃく》によって神道が日本の中心宗教として重んじられるようになりました。私たちの子どもの時代は、戦勝祈願はすべて神社で行われ、戦地に赴く若者は神社で武運長久の儀式を行い、日の丸の旗を振って送り出しました。

これは、天皇陛下や皇室は神様であり、天皇陛下のために命を捧げることは神になることで軍神と称され、最高の名誉とされました。この時代は事実上、一神教であったのです。戦後、除々にこの束縛が外され、信教の自由が保障されるようになり、多宗教の国に戻りました。

このように歴史的社会的に見ても、「多様な考え方、多様な行動ができること」は、平和な社会を具現化するために必要なことだと思うのです。民主主義とは、具現化、実践化するまで、困難な社会的現実を統一した一つの行動にまで持っていくための手法で、これなくしては平和はつかみ得ないのです。

以上、私は難しい理論は持ち合わせていませんし、「理系の人は単純な考え方の人が多く、文系の人は多様な考えを持っている人が多い」と言われた人がいましたので、私はどちらかと言うと理系で平和を話す資格は低いかも知れないのですが、長生きさせてもらったり、多くの体験で得させてもらったりした中での結論として話させていただきました。

要は、一つの目標をグループでまとめる時などに、自己の主義主張に固執せず近い意見と妥協したり、ある程度耐えたりすることは、平和な社会を築くために必要な人格であるということをつないでいってほしいのです。

「戦争は決してしてはいかん」ということです。このことをつないでいってこそ、「つないだ坂道越えれば向こうに日本晴れ」を見ることができるのです。

あとがき
つないだ坂道越えれば向こうは日本晴れ

本書を「つなぐ」というテーマでまとめようとしたのは、私自身が卒寿を過ぎ、長い人生を振り返った時、それまでの紆余曲折が真っ直ぐに見えはじめたからです。多くの失敗を経験したり、がんばったり、引き返したり、ひどく落ち込んだり、思いもかけず充実感や成就感を味わったり、現実的には凹凸の喜怒哀楽、右往左往の道であったけれど、過ぎ去ってみると不思議と一本道に感じられるようになってきたのです。

また、いつもつないで努力したり苦労したりした山の向こうには必ず明るい喜びの光を見て、あきらめず歩いたうれしさがやってくることも体験しました。その時のうれしさを一言で表すと「つないだ坂道越えれば向こうは日本晴れ」でした。

私は「この道一筋」「真実一路」「至誠一貫」「生涯現役」といった言葉が大好きで、これらは人生訓でもあります。またそうあらねば微力の身、小さい成功も望めませんし、後悔のない人の道は歩めないと思うのです。小さいことをつなぎ重ねていかないと山の向こうの日本晴れには出逢えないと信じていたのです。

このようなことを身をもって教えていただいた中西悟堂さんは89歳、川村多実二先生は81歳、林一正先生は87歳、津田松苗先生にいたっては68歳で他界されてしまわれました。私に命をつないでくれた父（政市）は68歳、母（とね）は75歳で先立ちました。私は、それらの大先生、父母の壁を越えて未だ一本の道をゆっくり歩かせてもらっているのです。この先生たちや神仏から「まだ仕事が残っているからだめだ！」と言われているような気がしてならないのです。それで今日もたどたどしい終末の道を一歩一歩踏みしめて次につなぐために生き、歩かせてもらっているのです。

この「あとがき」を最初に書いたのはリオ五輪の時（２０１６年）でした。２回目に書き改めたのは2年後のピョンチャン冬季五輪の時でした。多くの感動は、多くの選手たちが幼い時から取り組んだ成果で、父母をはじめ家族の支援と協力、師弟で練習に耐えた努力とがんばり、地域の応援と励まし等々涙ぐましいほどのつながりがあったればこそでしょう。その中に微笑ましい多くのドラマが展開され、テレビや新聞で明るく報じられました。私は、ここでも強いつながりに強く引きつけられ、感動をいただきました。

「つないだ坂道越えれば向こうは日本晴れ」と拍手しました。

ノーベル賞をはじめ偉大な賞を受けられた人たちも、困難な長期間の研究をあきらめないで失敗の山の上に立たれた人たちでした。ここでも「つなぐことこそ成功への道」「つないだ坂道越えれば向こうは日本晴れ」だと思っているのです。

私のつないだ道はこれらの人に比べたら針の穴ほどの努力であり苦労でありましたが、その結果、微少な成功をいただき、喜びもいただきました。だからこそみなさんには身近で参考にしていただけるのではないかと思い、書き残しているのです。

命のこと、ミニヒストリー、三島池のこと、野鳥のこと、水棲昆虫のこと、ホタルのこと、山室湿原のこと、講座のこと、まとめとして自然に学ぶことや、平和のことなど。目次にして並べてみますと「こりゃ？　自分史ではないか？」と赤面してしまいました。

この「自分史もどき」を今振り返ってみますと、紆余曲折が一本道に感じられるようになりましたと先ほど書きましたが、一本道の名は何道だろうかと夜中に目醒めてふと考えました。沈思黙考とでも言うのでしょうか。「学自然道」に行き着きました。そこで第10章の「自然に学ぶ」でいったん締めくくり、第11章を加えさせていただきました。

しかし、いくら語っても話しても、「挑戦」の気概があればこそ目標に近づいていけるのだと思います。さらに広く平和な世界環境の中でこそ自己実現ができますので、何としてでも平和な時代をつないでいっていただきたいと、最後に祈念致します。

「人は死んでも霊《たましい》は残る」と多くの人は解いています。「私もそう想っています」。では「霊とは何だろうか?」と再三再四、行きつ戻りつ考えるのですが、確信が持てないままたどり着いたことを話してみます。宗教的ではないのですが、お許しください。

「霊とはその人が残したものの中に残ってつながっている心」のことだと想(念《おも》)っています。芸術家はその作品(仏像、絵画、書、建築物など)の中に、作家はその小説、伝記やエッセイの中に、農業の人はその作物や技術の中に、宗教家は経典の中に、父母は日頃の子育ての中に……その霊を残しているのだと念うのです。この心が永くつながって死んでも霊として永久に残っていくのだと念うのです。

父母の一言、師の一言、書物の一言、友人の一言だって一生忘れ得ぬ霊になると念うのです。そんな霊を多く受け取りながら人生を歩むことこそ意義ある人生ではないかと念うのです。

最後になりましたが、この「自分史もどき」の各章で私に魂をくださった多くの人々、また「自分史もどき」の拙著をお読みくださる人々に深甚なる謝意を申し上げて、あとがきの言葉と致します。

なお、出版にあたり、サンライズ出版の岩根順子社長と、詳細にアドバイスいただいた編集部の矢島潤氏に限りない感謝の意を表したいと思います。

平成31年（２０１９）３月吉日

口分田政博

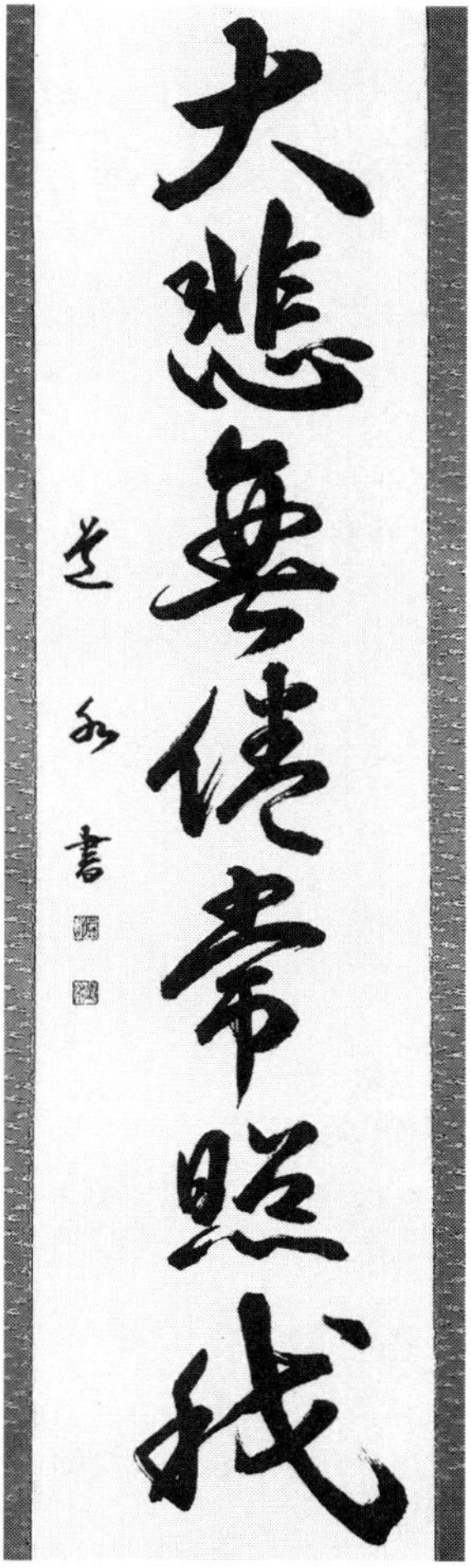

妻・道子の書

■著者紹介

口分田 政博（くもで・まさひろ）

1928年生まれ。1961年、読売新聞社賞受賞（科学教育）。1969年、滋賀県野鳥の会創設（現名誉会長）。1984年、日本鳥類保護連盟総裁賞受賞。1988年、文部大臣賞受賞。1989年、鴨と蛍の里づくりグループ結成。2003年、日本水大賞奨励賞受賞。

〒521-0218　滋賀県米原市志賀谷1532
TEL0749-55-0804

■著　書

『近江の鳥たち』（サンブライト出版、1987年）
『滋賀県探鳥地百選』（滋賀県自然保護財団、1995年）
『おじいちゃんからの贈り物』（サンライズ出版、2000年）
『湖国野鳥散歩―湖国の美しい自然よ、野鳥よ、人々よ、ありがとう―』（サンライズ出版、2004年）ほか

続々おじいちゃんからの贈り物

米原市自然研究の歩み

つないだ坂道越えれば向こうは日本晴れ

2019年5月1日初版1刷発行

著者　口分田　政博

発行　サンライズ出版
〒522-0004　滋賀県彦根市鳥居本町655-1
TEL.0749-22-0627　FAX.0749-23-7720

印刷　サンライズ出版株式会社

©KUMODE MASAHIRO

ISBN978-4-88325-659-4 C0045

乱丁本・落丁本は小社にてお取り替えします。
定価はカバーに表示しております。